Warum hatte sich der römische Kaiser Caligula, dessen Herrschaft vielversprechend begann, nach einer schweren Krankheit so verändert, daß seine grausamen Taten denen eines Wahnsinnigen glichen? Warum geriet Kaiser Karl IV., in dessen Regierungszeit das Heilige Römische Reich Deutscher Nation seine größte Ausdehnung und Stärke erreichte, gegen Ende seines Lebens mehr und mehr unter den Einfluß des Klerus? Warum versagte der bedeutendste Feldherr des Dreißigjährigen Krieges, Albrecht von Wallenstein, auf dem Höhepunkt seiner Macht? Wurde Napoleon in der Verbannung auf St. Helena vergiftet, oder starb er an der Unfähigkeit seiner Ärzte? Haben die Krankheiten der Mächtigen ihre Handlungen beeinträchtigt und sich auf den Gang der Geschichte ausgewirkt? Mit diesen Fragen beschäftigt sich der international angesehene Prager Neurologe Ivan Lesný. Gestützt auf Zeugnisse von Zeitgenossen und Untersuchungen an exhumierten Skeletten, versucht er die geistigen und körperlichen Leiden bedeutender Persönlichkeiten der europäischen Geschichte zu bestimmen und medizinisch zu deuten. Er bietet eine fesselnde Darstellung ihres Lebens, ihrer Ambitionen, Erfolge und Niederlagen vor dem Hintergrund der jeweiligen historischen Ereignisse.

Ivan Lesný

Die Krankheiten der Mächtigen

Historische Persönlichkeiten
mit den Augen eines Neurologen
gesehen

Deutsch von Reinhard Fischer

Aufbau-Verlag

Titel der tschechischen Originalausgabe
Zpráva o nemocech mocných
Významné historické postavy očima neurologa

Mit 22 ganzseitigen Abbildungen und 11 Wappen

ISBN 3-351-01680-8

1. Auflage 1991

Einbandgestaltung Günter Lerch
Typographie Annette Gwosdz
Graphischer Großbetrieb Pößneck GmbH
Ein Mohndruck-Betrieb
Printed in Germany

Ein Wort zur Einleitung

Nirgendwo finden wir so viele Dramen, Tragödien, Legenden und Halbwahrheiten wie in der Geschichte.

Das ist nicht verwunderlich. Die Geschichte füllt einen riesigen Zeitraum mit Geschehnissen, mit individuellen und kollektiven Schicksalen, es gibt Revolutionen und Umwälzungen, wir erleben Verrat und Treue, sehen den steilen Aufstieg und plötzlichen Sturz manches Mächtigen. Trotz dieses Chaos hatte die Geschichte stets eine innere Harmonie und folgte einem Plan, wenn er uns auch oft geheim und verborgen erscheint (und immer noch erscheinen kann). Sie bewegte sich stets unerschütterlich vorwärts, kehrte nicht um, wiederholte sich nicht. In vollem Maße gilt hier das Wort Heraklits, daß man nicht zweimal in denselben Fluß steigen kann. Sie strebt ständig nach menschlichem Fortschritt, nach einer höheren, besseren Weltordnung.

Die heutige Geschichtswissenschaft hat im Vergleich zu früheren Zeiten einen großen Schritt nach vorn getan. Sie hat nicht nur die Gesetzmäßigkeiten der Entwicklung erkannt, sondern ihr stehen auch eine Reihe moderner und modernster Methoden zu Gebote, sie entdeckt sogar scheinbar verlorene Quellen. Unglaublich haben sich die historischen Hilfswissenschaften vermehrt und spezialisiert. Unter Geschichte verstehen wir längst nicht mehr lediglich die allgemeine oder politische Geschichte; ihre Geschichte erkunden praktisch alle Wissenschaften, jede für sich. Und erst diese breite Palette schafft ein Gesamtbild der Vergangenheit und füllt bisher leere Stellen aus.

Bei diesem Prozeß kann auch die Medizin nicht abseits stehen. Das ärztliche Interesse an Gestalten, deren Gesundheitszustand auf irgendeine Weise ihre historische Rolle beeinflußt hat, besteht schon seit mehreren Generationen. Zu nennen wären beispielsweise Thomayers medizinhistorische Untersuchungen über Jan Žižka und Wenzel IV. oder der vorzügliche Aufsatz des Medizinhistorikers G. Gellner über den Tod von Ladislaus Postumus. Gellner widerlegt die Verleumdungen, Ladislaus wäre von Georg von Podiebrad vergiftet worden, und weist nach, daß er an der Pest starb. In jüngerer Zeit waren es hauptsächlich die Professoren Jedlička und Vencovský, die sich mit Krankheiten Wenzels II. befaßt haben.

Uns darf nicht erstaunen, daß in den meisten medizinhistorischen Studien hochgestellte Persönlichkeiten vorkommen, denn nur über die »Krankheiten der Mächtigen« gibt es schriftliche Zeugnisse, besonders in fernerer Vergangenheit.

In dem Zusammenhang können wir heute in Anlehnung an Paläontologie und Paläopathologie von Paläomedizin und Paläoneurologie sprechen. Letztere beschäftigt mich schon über zwanzig Jahre. Als 1962 meine kleine Studie »Arztvisite am Krankenbett Karls IV.« erschienen war, die in veränderter Fassung auch in diesem Buch enthalten ist, forschte ich in der Geschichte nach weiteren Persönlichkeiten, auf die man den »Paläoblick« eines Neurologen werfen könnte. Dazu bedurfte es selbstverständlich eines gründlichen Studiums der allgemeinen Geschichte. Vieles sah ich dann anders. Zum Beispiel, daß alle diese »Mächtigen«, ob sie sich für Götter oder für

Herrscher von Gottes Gnaden hielten, letztlich Menschen aus Fleisch und Blut waren. Daß sie von der Gicht geplagt wurden, als Kind Krankheiten durchgemacht hatten, die sie für das ganze Leben zeichneten, daß sie oft infolge der absoluten Exklusivität ihrer Geschlechter degeneriert waren. Und daß auch die stärksten Persönlichkeiten, sofern sie die Geschichte mitgestalteten, gleichzeitig von ihr gestaltet wurden.

Obwohl ich kein professioneller Historiker bin, suchte ich Antworten auf bestimmte Fragen. Liest jemand in einem Geschichtsbuch, der römische Kaiser Caligula habe sich für einen Gott gehalten und sei davon völlig überzeugt gewesen, ist er schockiert. Aber worin unterscheidet sich von Caligula viele Jahrhunderte später der deutsche Kaiser Wilhelm II., der eine langjährige treue Bedienstete nur deshalb entließ, weil sie ihn einmal im Schlafrock gesehen hatte?

Die Neurologie – oder die Paläoneurologie – gab mir eine Antwort, deren Genauigkeit natürlich von den zugänglichen Informationen abhängt.

Sie half mir bei der Beantwortung der Fragen, wie der sogenannte Wahnsinn des französischen Königs Karl VI. aus dem Hause Valois, die Absonderlichkeit Rudolfs II., Wallensteins Fall und Byrons Tod zu erklären sind. (Byron war zwar kein Herrscher, jedoch zweifellos ein Fürst der Poesie.)

Die Erkrankung des Nervensystems beeinflußt immer das Verhalten des Patienten. Wenn dieser Patient zu den Mächtigen gehört, hat eine solche Krankheit natürlich breitere Auswirkungen.

Diese Auswirkungen in allen ihren Konsequenzen zu erforschen lag nicht in meiner Absicht. Trotzdem war mein Weg durch die Geschichte, gekennzeichnet von den Meilensteinen der elf Fälle, die dieses Büchlein enthält, ein richtiges Abenteuer. Beispielsweise die Persönlichkeit Richards III. In Shakespeares Drama und in den historischen Quellen, auf die sich der Dichter stützte, wird dieser englische König in den schwärzesten Farben gemalt, als Bösewicht und Mörder hingestellt. In Wirklichkeit war Richard III. weitaus eher eine tragische Gestalt als ein Schurke.

Hier soll jedoch nicht schon der Inhalt des Buches erzählt werden.

Ich habe versucht, bei elf Persönlichkeiten aus unterschiedlichen Zeiten »postum« eine Diagnose zu stellen. Natürlich können solche Diagnosen nicht eindeutig und vollständig sein. Oft sind wir auf ungenaue (manchmal sogar die Tatsachen verfälschende) Quellen angewiesen.

Unsere Patienten können wir nicht fragen, geschweige denn untersuchen …

Zum Schluß möchte ich PhDr. Michal Svatoš vom Archiv der Karlsuniversität Prag für die Hilfe bei der Quellensuche und für kritische Ratschläge danken. Bei der Suche nach Quellen zum Artikel über Karl IV. unterstützte mich PhDr. Josef Klik (1897–1966), Geschichtsprofessor am Smíchover Gymnasium, den seine Schüler niemals vergessen werden. Ich danke auch dem Verlag Horizont, seiner Redaktion und allen, die zur endgültigen Gestalt dieses Büchleins beigetragen haben.

Častrovice, 27. Juli 1983 Ivan Lesný

Caligula

Einmal stand Caligula vor einer hohen Jupiterstatue und fragte den Schauspieler Apelles: »Wer ist größer? Ich oder dieser Gott?«

Apelles begann nachzudenken. Das genügte. Er starb unter Auspeitschungen und Foltern. Caligula überschüttete ihn dabei mit Lob: »Du hast eine bezaubernde Stimme, selbst wenn du vor Schmerzen brüllst.«

Aleksander Krawczuk
Nero

Jener Märztag des Jahres 37 unserer Zeitrechnung blieb den Römern zweifellos lange im Gedächtnis. Rom war längst nicht mehr die bescheidene Stadt auf den sieben Hügeln, auch keine Stadt aus Ziegelsteinen wie noch zu Caesars Zeiten, sondern seit Augustus die Marmormetropole eines stolzen Imperiums: Pantheon, Forum, Ara Pacis Augustae und weitere prächtige Bauwerke verkündeten die Macht und Größe des römischen Reiches.

Die Schönheit der Stadt und des römischen Frühlings wurde an dem Märztag des Jahres 37 noch von einer jubelnden Menge verstärkt, die zum Senat zog. Der Grund für diese allgemeine Freude schien auf den ersten Blick recht eigenartig: Kaiser Tiberius war tot. Der Soldatenkaiser. Der Adoptivsohn des Augustus. Mit sechsundfünfzig Jahren war Tiberius dessen Nachfolger geworden. In den dreiundzwanzig Jahren seiner Herrschaft hatte er jegliche Popularität verloren, sofern er überhaupt je welche besessen hatte, und zuletzt war er allgemein verhaßt. Tiberius wurde das Opfer einer Verschwörung. Als er nach einer schweren Krankheit zu genesen begann, erwürgte man ihn.

Deshalb fühlten sich die Römer erleichtert und jauchzten. Die Menge, die in den Senat eindrang, verlangte sogar, Tiberius ein Begräbnis zu verweigern und seinen Leichnam in den Tiber zu werfen.

Und mit geradezu stürmischer Begeisterung wurde sein vermutlicher Nachfolger begrüßt, der damals vierundzwanzigjährige Gaius Caligula, der Sohn des populären Feldherrn Germanicus. Dieser, ein Neffe des Tiberius, war unter merkwürdigen Umständen in Syrien gestorben. Caligula kam aus Misenum, einem Städtchen am Golf von Neapel, dem letzten Aufenthaltsort von Tiberius. Der argwöhnische und immer grausamere Kaiser Tiberius hatte aus unerklärlichen Gründen seinen Großneffen liebgewonnen, und so war Caligula jahrelang bei ihm auf der Insel Capri geblieben, wohin sich der menschenscheue Alte zurückgezogen hatte.

Die Volksmassen erzwangen die Ernennung Caligulas zum Prinzeps – so lautete ursprünglich der Titel der römischen Kaiser – und Nachfolger von Tiberius.

Wir dürfen jedoch nicht annehmen, daß zu jener Zeit die Macht des römischen Volkes so groß gewesen wäre und daß seine Stimme letztlich die Wahl entschieden hätte. Caligula war schon vorher von den Prätorianern – der kaiserlichen Leibwache, also von Soldaten – zum Prinzeps proklamiert worden. Es waren Soldaten, die ihre Gunst und ihre Liebe vom Vater Germanicus auf den Sohn Caligula übertrugen. Soldaten verdankte er auch den Namen, unter dem er in die Geschichte einging. Lateinisch caligula heißt »Stiefelchen«. So hatten ihn die Legionäre seines Vaters genannt, als der Fünfjährige an der Seite seines Vaters auf einem Triumphwagen erschien, in eine komplette kleine Legionärsuniform gekleidet.

Sönnlein nannte ihn bald das römische Volk, das auf sein Prinzipat große Hoffnungen setzte.

Was dachte wohl der junge Caligula, als ihm das

römische Volk huldigte und als ihn der Senat zum Prinzeps ausrief? Erinnerte er sich an die Zeit, die er mit seinem sonderlichen Großonkel auf Capri verbracht hatte? Es waren nicht gerade angenehme Erinnerungen. Zu der Zeit war Tiberius schon ein halsstarriger Despot geworden, obwohl er sich zu Beginn seines Prinzipats ziemlich tolerant gezeigt hatte. (Er gab dem Senat dessen Befugnisse zurück, lehnte göttliche Ehren ab, verbot, daß man ihm Statuen errichtete.) Sein Bemühen, das Verhältnis zum Senat zu verbessern, mißlang, er mußte Aufstände germanischer und pannonischer Legionen niederschlagen, später auch Erhebungen in Numidien, Thrakien und Gallien. Die Militärausgaben leerten die Staatskasse, Tiberius sah sich gezwungen, die Steuern zu erhöhen und – was seiner Popularität schadete – die öffentlichen Spiele einzuschränken. Es kam zu Verschwörungen gegen ihn. Nach dem Zeugnis von Tacitus sympathisierten viele Nobiles (der römische Adel, später auch reich gewordene Plebejer) sogar mit einem selbsternannten Thronfolger, dem Sklaven Clemens, der sich als Enkel des Augustus ausgab.

Es ist schwer zu sagen, ob der junge Caligula über die Gründe für die Veränderung von Tiberius nachdachte. Aber bei der Intelligenz, die er später im guten und schlechten Sinne zeigte, dürfte er es getan haben. Auf Capri herrschte stets eine stickige Atmosphäre. Es fielen immer mehr Köpfe. Tiberius' Günstling Seianus, der Präfekt der Prätorianergarde, der ständig seine eigene Macht stärkte, schickte unter dem Vorwand der »Majestätsbeleidigung« Hunderte in die Gefängnisse, ließ foltern und töten. Er überzeugte den Kaiser davon, daß man in Rom gegen ihn Intrigen schmiede, wodurch er ihn nötigte, auf Capri zu leben, während er in Wahrheit Personen liquidierte, von denen er meinte, sie wären ihm, Seianus, gefährlich. Das Opfer seines Wütens wurde sogar Drusus, genannt Castor, der Sohn des Tiberius. Seianus endete schließlich, wie es vorauszusehen war: Er verlor seine mühsam und hinterhältig ausgebaute Position, fiel in Ungnade und wurde hingerichtet.

In diesem Milieu konnte sich der junge Caligula nicht wohl fühlen, vielmehr mußte er sich oft die Frage stellen, ob der Kaiser, dieser argwöhnische Sonderling, nicht eines Tages beschließen würde, auch ihn, Caligula, zu beseitigen. Sicherlich wußte er, daß sein Vater Germanicus von Tiberius um den Kriegsruhm und die Beliebtheit bei den Soldaten beneidet wurde. Caligula wußte zweifellos auch, was man über den Tod seines Vaters redete: Tiberius hätte seine Hände im Spiel gehabt.

Es ist schwer zu sagen, was »Stiefelchen« in dem Augenblick alles durch den Kopf ging, als er zum Prinzeps, also Kaiser erklärt wurde. Der vierundzwanzigjährige junge Mann erhielt fast absolute Machtbefugnisse. Wir können das Wörtchen »fast« ruhig weglassen.

Denn zu der Zeit, im Jahre 37 nach unserer Zeitrechnung, war schon das Ende der einstigen Stadtrepublik gekommen. Es war auch ein Anfang, der Beginn des Kaisertums.

An der Stelle ist ein kurzer

Exkurs in die römische Geschichte angebracht. Aus den Siedlungen, die auf sieben Hügeln lagen, bildete sich im Laufe des 7.–6. Jahrhunderts v. u. Z. eine einheitliche Stadt – Rom. Ihre Gründung wird den Etruskern zugeschrieben, denen einige der mythischen römischen Könige entstammten. Der letzte von ihnen, Tarquinius Superbus, soll im Jahre 510 v. u. Z. ermordet worden sein, und es entstand die römische Republik, die bis zum Jahre 31 v. u. Z. währte, als man Augustus zum ersten Kaiser – Prinzeps – proklamierte.

Die römische Republik war im wesentlichen ein Stadtstaat, an seiner Spitze standen zwei Konsuln, und es gab ein Zweikammernparlament, wie man heute sagen würde, die Volksversammlung und den Senat.

Die römischen Bürger waren von Anfang an in zwei Stände geteilt, in Patrizier und Plebejer, wobei die Patrizier eine Reihe politischer Privilegien besaßen. Wegen dieser Privilegien kam es zwischen Patriziern und Plebejern zu lang andauernden Kämpfen. Die Plebejer errangen schließlich Teilerfolge, aber ihr Stand, der lateinisch plebs, »Volk«, hieß, war als Ganzes nicht bessergestellt. Inhaber der höchsten Rechte wurden nur reiche Plebejer, die später mit den Patriziern den neuen Stand der Nobiles bildeten – die Herrscherschicht des Sklavenhalterstaates. Als größter Gewinn der Kämpfe zwischen Patriziern und Plebejern wurde im Jahre 494 v. u. Z. die Institution der Volkstribunen geschaffen. Die Volkstribunen sollten die Interessen des Volkes gegen die Patrizier verteidigen und waren mit großen Machtbefugnissen ausgestattet: Sie waren sakrosankt, konnten gegen jede Entscheidung der Behörden und des Senats ein Veto einlegen u. a.

Rom wuchs unaufhörlich, aus einem Stadtstaat wurde eine Großmacht, die sich auf eine für die damalige Zeit vortrefflich organisierte Armee stützte. In

Rom wurden zum ersten Male feste, zahlenmäßig stabile militärische Verbände geschaffen, die Legionen, Kohorten, Manipel und Zenturien, was heutigen Regimentern, Bataillonen, Kompanien und Zügen entspricht.

Die Erfolge hatten allerdings auch ihre Schattenseiten. Einerseits betraf es das Verhältnis der Hauptstadt zu den Provinzen – es war undenkbar, diese für immer als eroberte Gebiete mit nicht vollberechtigter Bürgerschaft zu beherrschen. Andererseits entstand direkt in der Metropole die Krise der Sklavenhalterordnung. Die Masse der rechtlosen Sklaven – ehemalige Kriegsgefangene und ihre Nachkommen –, die den gesamten Reichtum Roms schufen und den Wohlstand seiner herrschenden Schichten garantierten, forderte von den Herren immer dringlicher die Freiheit oder wenigstens menschlichere Behandlung. Durchweg vergeblich. Die Unzufriedenheit wuchs jedoch auch unter den Sklavenhaltern selbst, den freien römischen Bürgern. Auf der Sonnenseite lebten hauptsächlich die Nobiles, sie bekamen Ämter und militärische Posten, wurden reich durch den Handel, und das ließ andere nicht ruhen.

So brachen bald harte politische Kämpfe zwischen zwei Parteien aus, den Optimaten (diese Partei hatte konservative politische Ziele und vertrat ausschließlich die Interessen der Patrizier, die unbeschränkte Macht der hohen Staatsämter sollte erhalten bleiben) und den Popularen (trotz des Namens handelte es sich nicht um eine »Volkspartei«, ihre Führer stammten aus den Kreisen der Nobiles, und ihre Hauptziele waren eine Landreform und eine gemäßigte Demokratisierung). Im folgenden Bürgerkrieg wurde Rom mal von den Optimaten, mal von den Popularen beherrscht. Schließlich siegte 82 v. u. Z. Sulla, der Führer der Optimaten. Er ließ sich zum Diktator ausrufen und rechnete grausam mit seinen Gegnern ab.

Nach Sullas Tod kam es erneut zu Unruhen. Es gab zahlreiche Volksaufstände, von denen der Sklavenaufstand des Spartacus der bekannteste ist.

Um die zerrütteten Zustände zu bessern, verbündeten sich Gnaeus Pompeius, Gaius Julius Caesar und Licinius Crassus und bildeten das erste Triumvirat (Herrschaft dreier Männer), das bald zerfiel und durch die Alleinherrschaft Caesars ersetzt wurde. Mit Caesar endete faktisch (keineswegs juristisch) die Zeit der römischen Republik. Caesar errang unter anderem durch die Eroberung des bisher unbezwungenen Gallien großen Ruhm. Über diesen Feldzug schrieb er sein bekanntes Buch (Commentarii de bello Gallico). Er wurde Diktator auf Lebenszeit und eignete sich alle Machtbefugnisse an.

Caesar merkte jedoch, daß sich die konservative städtische Verfassung nicht mehr für das Weltreich eignete, zu dem Rom inzwischen geworden war. Er bewunderte die hellenistische Monarchie und strebte nach der Königskrone. Weil jedoch die republikanischen Ideale zu der Zeit noch nicht ganz erloschen waren, bildete sich gegen ihn eine Senatsverschwörung, und Caesar wurde im Jahre 44 v. u. Z. von Brutus und Cassius im Senat ermordet.

Das Ende der Republik war jedoch schon in Sicht. Ein zweites Triumvirat bildeten Marcus Antonius, Gaius Julius Caesar Octavianus und Aemilius Lepidus. Nach der Liquidierung von Caesars Mördern begannen die drei, einander zu bekämpfen. Sieger wurde schließlich Octavianus, Caesars Adoptivsohn. Als erster war Lepidus aus dem Spiel ausgeschieden. Das Ringen zwischen Octavianus und Antonius ist ausreichend bekannt – unzählige Male ist das Motiv der Liebe des Antonius zur letzten ägyptischen Königin, der schönen Kleopatra, literarisch und filmisch gestaltet worden. Am Ende verübte Antonius Selbstmord, ebenso wie Kleopatra.

Octavianus wurde nach Caesar der zweite römische Alleinherrscher. Im Unterschied zu diesem handelte er jedoch diplomatisch, besonders im Verhältnis zum Senat. Nach seinem Sieg über Antonius gab er alle Vollmachten zurück, die ihm als Triumvir erteilt worden waren. Der überraschte Senat verlieh ihm erneut alle diese Vollmachten und erweiterte sie noch. Er betraute Octavianus unter anderem mit dem Oberbefehl über das Heer, mit der Verwaltung mehrerer Provinzen, mit dem Amt des Pontifex Maximus, das heißt des obersten Priesters, und vor allem mit der wichtigsten Funktion – der eines Volkstribunen, was Octavianus' Unantastbarkeit und das Recht zum Veto gegen jede Senatsentscheidung gesetzlich garantierte. Obendrein wurde er mit dem Titel Augustus, »der Erhabene«, geehrt.

Das bedeutete das Ende der Republik, obwohl Augustus, wie sich Octavianus seitdem nannte, alle republikanischen Institutionen beibehielt. Sie wurden jedoch sehr bald zur reinen Staffage. Durch Caesars Schicksal belehrt, nannte sich Augustus jedoch weder König noch Herrscher, sondern bezeichnete sich als Prinzeps, das heißt als Erster (unter allen Bürgern). Damit begründete er das sogenannte Prinzipat. In Zukunft wurde allerdings das Wort Caesar, wie Augustus von anderen tituliert wurde, zum Synonym universeller Macht. Rom beherrschte zu der Zeit schon fast die gesamte bekannte Welt, und die Bedeutung dieses Wortes übertraf bei weitem die des Titels König, den man vermeiden wollte. Später prunkten mit dem Titel Caesar, Kaiser oder Zar die allmächtigen Herrscher mächtiger Reiche auf der ganzen Welt.

Der Beginn des Kaisertums war, gemessen an den Wirren und dem Niedergang gegen Ende der Republik, eine Zeit des Aufschwungs. Ganz Italien, also keineswegs mehr allein Rom, bildete nun das Zentrum des römischen Imperiums, eine einheimische privilegierte Schicht verwaltete die Provinzen. Wenigstens für eine gewisse Zeit verbesserte sich auch die wirtschaftliche Lage des Reichs, allerdings wurde die Sklavenhalterordnung gefestigt. Wegen der Aufstände beschloß der Senat auf eine Weisung des Augustus, daß alle Sklaven eines Herrn, der von einem Sklaven getötet wird, mit dem Tode bestraft werden …

Augustus, ein im wesentlichen konservativer Typ, bemühte sich mit allen Kräften, die alten Traditionen wiederzubeleben und den fortschreitenden moralischen Verfall aufzuhalten. So wurde zum Beispiel ein Gesetz erlassen, das eheliche Untreue streng ahndete. Eine Wendung zum Besseren bewirkte Augustus dadurch nicht, wie die nahe Zukunft zeigte. Den moralischen Verfall verkörperten dann seine Nachfolger, in erster Linie Caligula …

In den zwanziger Jahren dieses Jahrhunderts schrieb der deutsche Historiker Ernst Hohl, daß die sittlichen Kräfte des Römertums, die Augustus mit den unterschiedlichsten Mitteln bewahren wollte, nicht mehr zur Erneuerung genügten.

Hervorheben wollen wir noch, daß zu diesen Anfängen des römischen Kaisertums die Namen von Dichtern wie Ovidius, Horatius, Vergilius, Catullus und Tibullus sowie von Historikern wie Livius und Sallustius gehören.

Augustus starb 14 u. Z., nachdem er es noch geschafft hatte, Rom mit einer ganzen Reihe prächtiger Bauwerke zu schmücken. Der Senat erklärte ihn zum Gott, wie er es zuvor bei Caesar getan hatte.

Ein vielversprechender Anfang. Die Voraussetzungen, unter denen Caligula nach Tiberius das Prinzipat antrat, also mit anderen Worten der dritte römische Kaiser wurde, waren viel günstiger als bei seinem Vorgänger. Als Nachfolger des Augustus hatte dieser es keineswegs leicht gehabt: Bei allem Für und Wider hatte der erste römische Prinzeps-Kaiser ein beachtliches Werk hinterlassen, und er war eine unumstrittene Persönlichkeit gewesen. Tiberius offenbar nicht, oder er hatte zumindest keine Möglichkeit, es zu werden, so erntete er schließlich Abscheu und Haß.

Es erhebt sich die Frage, warum man nach dem Tode von Tiberius nicht die Erneuerung der Republik forderte. Der Wille, sie zu erneuern, war schon erloschen. Die Römer hatten sich an das Prinzipat gewöhnt, die Herrschaft von Tiberius, obwohl sie in Tyrannei ausartete, hatte in Wirklichkeit den monarchistischen Charakter des römischen Staates gefestigt.

Caligulas Herrschaft begann vielversprechend. Von erfahrenen Ratgebern geleitet, vor allem dem

Caligula

Prätorianerpräfekten Macro (auf den wir noch zurückkommen werden), sorgte er zu Beginn seines Prinzipats sogar auf bewundernswerte Weise dafür, daß seine Autorität stieg und seine Beliebtheit wuchs. Nach seinem Antritt erhielt er den Titel Imperator, er gab jedoch dem Senat dessen Befugnisse zurück. Er weihte den Tempel, den Tiberius dem zum Gott erhobenen Augustus gebaut hatte. Er stellte die unsinnigen Prozesse wegen Majestätsbeleidigung ein, amnestierte alle politisch Verfolgten und verkündete, er habe für Denunzianten kein Ohr.

Diese vielversprechende neue Zeit währte aber nicht lange, ja, sie dauerte nur wenige Monate. Daraufhin veränderte sich Caligula auf völlig unbegreifliche Weise. Zu seinem Vorbild erkor er keineswegs Augustus, sondern Caesar, sein politisches Ideal wurde die absolute Monarchie hellenistischen Typs, zudem in der extremsten, der ägyptischen Form.

Die kleine Sonne erkaltet. Es verwundert nicht, daß Caligulas Zeitgenossen versuchten, diese plötzliche Veränderung zu erklären. Die meisten römischen Historiker neigten zur Annahme, Caligula wäre wahnsinnig geworden. Um diese Ansicht zu begründen, forschten sie auch in seiner Vergangenheit. Als seine Eltern, erst der Vater, dann die Mutter, gestorben waren, lebte Caligula bei seiner Großmutter Antonia, der Tochter des Antonius, der gemeinsam mit Kleopatra gestorben war. Antonia soll den Jungen von allen am besten gekannt haben, was natürlich ist, und sie hatte nicht die beste Meinung von ihm. Ihr wären Symptome der Entartung im Charakter des Jungen nicht entgangen. Zu Beginn seines Prinzipats überschüttete Caligula seine Großmutter mit höchsten Ehren – auf seinen Vorschlag verlieh ihr zum Beispiel der Senat den Titel Augusta. Caligulas energische Großmutter soll den Mut besessen haben, ihrem Enkel zu sagen, was ihr an seinem Verhalten nicht gefiel, auch als er schon Prinzeps war. Im Mai des Jahres 37 starb sie, und um ihren Tod entstanden Gerüchte. Irgendwie sollte ihn Caligula, der nicht einmal an der Beerdigung teilnahm, verschuldet haben. Das ist sicherlich eine interessante, jedoch etwas kühne Fiktion. Als Antonia starb – angeblich unter rätselhaften Umständen –, war sie 73 Jahre alt. Sie kann also aller Wahrscheinlichkeit nach eines natürlichen Todes gestorben sein. Im übrigen hatte sie nicht mehr viel Zeit, um ihrem Enkel Vorhaltungen zu machen, kaum zwei Monate, und zu Beginn seines Prinzipats war Caligula nach anderen Zeugnissen ein milder und beliebter Herrscher.

Nach einigen Quellen soll sich Caligula an Orgien beteiligt haben, die Tiberius auf Capri veranstaltete. Über Caligulas Sexualleben gibt es allerdings auch genügend zweifelsfreie Zeugnisse. Er hatte ein Verhältnis mit Ennia, der Frau des Prätorianerpräfekten Macro (nach manchen Berichten soll Caligula sogar seinen Großonkel und Vorgänger Tiberius gemeinsam mit Macro erwürgt haben), und als Caligula ungefähr ein Jahr Prinzeps war, erhielten Macro und Ennia den Befehl, Selbstmord zu verüben. Er heiratete Lollia Paulina, die Ehefrau des Statthalters der Balkanprovinzen, dazu sollen ihn die zufällig gehörten Worte bewogen haben, daß Lollias Großmutter in ihrer Jugend als schönste Römerin galt. Bald wurde er Lollias überdrüssig, er trennte sich von ihr und verbot ihr mit einem besonderen Edikt, eine neue Ehe einzugehen. Den Gipfelpunkt bildete Caligulas anstößige Beziehung zu seiner Schwester Drusilla. Das hing jedoch direkt mit seiner

Ägyptomanie zusammen, die allmählich ungeheuerliche Ausmaße annahm. Caligula erneuerte den Kult der ägyptischen Göttin Isis, der unter Tiberius verboten war. (Obwohl Tiberius ein Tyrann war und eine ganze Reihe von Fehlern hatte, erlag er keiner ähnlichen Manie.) Auf einem riesigen, extra dafür gebauten Schiff wurde aus Ägypten ein Obelisk geholt, der bis heute in Rom vor der Peterskirche steht. Und nach dem Vorbild der alten ägyptischen Pharaonen wollte sich Caligula mit Drusilla vermählen. Seine Schwester war jedoch schon verheiratet. Caligula trennte sie von ihrem Mann, befahl seinem Freund Aemilius Lepidus, sie zu heiraten, unterhielt aber zu ihr sexuelle Beziehungen und behandelte sie wie seine Ehefrau. Als Drusilla kurze Zeit später (39 u. Z.) starb, wurde öffentliche Trauer angeordnet. Der Senat verlieh ihr postum den Titel Augusta. Eine Statue von ihr ließ man im Sitzungssaal aufstellen, eine zweite im Venustempel, wo ein besonderer Altar errichtet und ein Priesterkollegium aus Frauen und Männern gebildet wurde, um Gottesdienste zu ihren Ehren zu veranstalten. Man erklärte sie zur Göttin, ihr göttlicher Name lautete Panthea, »Allgöttin«.

Wie jeder Tyrann war Caligula von Schmeichlern und Speichelleckern umgeben. Einer von ihnen, der Senator Geminius, erklärte unter Eid, er habe mit eigenen Augen gesehen, wie Drusilla in den Himmel eintrat und sich dort mit anderen Olympiern unterhielt – vielleicht sogar mit allen Göttern, weil Rom zu der Zeit neben den eigenen, von den Griechen übernommenen Göttern auch eine Reihe Gottheiten anerkannte, die in den Provinzen verehrt wurden. Für dieses »Zeugnis« erhielt Geminius die Kleinigkeit von einer Million Sesterzen.

Caligulas Verhältnis mit der eigenen Schwester war selbst für das alles andere als sittenstrenge Rom zuviel. Obendrein besaß Caligula noch die Angewohnheit, jeden zu verletzen, wie Seneca berichtet. Zu Caligulas besten Freunden gehörte Asiaticus Valerius, ein Mann von ungestümem Charakter, der kaum von einem anderen Schmähungen ertragen hätte. Ihm sagte Caligula bei einem Gastmahl, also in aller Öffentlichkeit, laut ins Gesicht, wie sich seine Frau beim Beischlaf benommen hatte.

Ein Gott auf dem Thron. Am schockierendsten war, wie sich Caligula in seine göttliche Rolle »einlebte«: In der Öffentlichkeit trat er in der Gestalt Jupiters auf, mit vergoldetem künstlichem Bart und mit Blitzen in der Hand …

Dieses »göttliche« Dasein erforderte allerdings Geld, und zwar viel Geld. Deshalb wurde alles besteuert, was sich besteuern ließ, und es gab wieder Prozesse wegen Majestätsbeleidigung und daraufhin Konfiskationen. Man behauptete sogar, die Geste, beim Antritt des Prinzipats eine allgemeine Amnestie zu verkünden und öffentlich die Akten der unter Tiberius laufenden Prozesse zu verbrennen, wäre ein Betrug gewesen: Caligula hätte irgendwelche alte Akten vernichten lassen. Dagegen hätte er die Aufzeichnungen des Tiberius sorgfältig aufbewahrt und wieder benutzt.

Das alles, hauptsächlich jedoch seine Theomanie

und die unglaubliche Strenge, mit der er jeden Zweifel an seiner Göttlichkeit bestrafte, verursachte endlose Konflikte – vor allem mit den Juden, die zu der Zeit nicht mehr nur in Palästina lebten, sondern eine bedeutende Volksgruppe im ganzen östlichen Mittelmeerraum, hauptsächlich in Alexandrien und in Rom bildeten – und untergrub bald seine Popularität. Caligula übertraf als Tyrann sogar seinen Großonkel Tiberius, an den sich die Römer noch mit Schrecken erinnerten – er erfand etwas, worauf nicht einmal Tiberius gekommen war: Wer verdächtig erschien oder in Ungnade fiel, erhielt durch Prätorianeroffiziere den Befehl zum Selbstmord.

Schließlich war auch das Heer, das im kaiserlichen Rom zur entscheidenden Kraft wurde, von Caligula bitter enttäuscht: Er war nicht nach seinem Vater geraten, besaß gar kein militärisches Talent, seine Kriegszüge nach Britannien und Germanien endeten mit einem Fiasko. Wie schon erwähnt, gehörte zu seinen Opfern auch der Prätorianerpräfekt Macro, dem Caligula das Prinzipat und die anfänglichen Erfolge verdankte, und man munkelte sogar, er beabsichtige, alle Soldaten der germanischen Legionen, die sich vor fünfundzwanzig Jahren an dem von seinem Vater niedergeschlagenen Aufstand beteiligt hatten, hinrichten zu lassen.

Nun war das Maß voll. Zudem wollte Caligula zur »Feier« seiner Feldzüge nach Britannien und Germanien einen Triumphzug veranstalten – nicht in Rom, sondern in Alexandria, das Hauptstadt des gesamten römischen Reichs werden sollte.

So wurde Caligula nach nur vier Jahre währender Herrschaft ermordet. Ende Januar 41 u. Z. fanden im Hof des Palatiums wie alljährlich Feiern zu Ehren des Augustus statt. An diesem Tag, dem 24. Januar, schaute Caligula seit dem Morgen den Festlichkeiten zu. Gegen ein Uhr verließ er das Theater, um im Palast zu baden und zu speisen. In Begleitung nur eines Senators begab er sich zu einem überdachten Durchgang, wo eine Gruppe asiatischer Jungen stand, die später auftreten sollten. Caligula sprach sie an – und in dem Augenblick erstach ihn der Prätorianerpräfekt Chaerea, den Caligula nach Macros Tod selbst ausgewählt hatte. (Chaerea gehörte zu den Legionären des Germanicus, die den fünfjährigen Jungen Stiefelchen genannt hatten.) Die Wunde soll nicht tödlich gewesen sein, die Schwertklinge war am Schlüsselbein abgeglitten. Caligula schrie auf und lief einige Meter. Da versperrte ihm der Tribun Sabinus den Weg und stieß ihm sein Schwert direkt in die Brust. Auf den liegenden Caligula stürzten sich weitere Soldaten, seinen Körper bedeckten nahezu dreißig Wunden.

Der Haß auf den »Gott« Caligula war so groß, daß man auch seine Gattin und seine einjährige Tochter tötete.

Und dann suchte man seinen Onkel Claudius, der kurz vor ihm in den Palast gegangen war …

Der Arzt kommt zu Wort. Wir sagten schon, daß die meisten römischen, aber auch spätere Historiker die starke Veränderung in Caligulas Charakter, die schon wenige Monate nach der Herrschaftsübernahme eintrat, als Wahnsinn erklären. Und zwar entweder als latenten Wahnsinn (davon würden angebliche Aussagen seiner Großmutter Antonia zeugen) oder eher als plötzlichen Ausbruch einer Geisteskrankheit. Dieses Rätsel fasziniert bis heute Historiker und Dichter. So schrieb zum Beispiel Camus über Caligula ein Drama, dessen Premiere 1945 stattfand, der Titelheld wurde von dem damals noch jungen Gérard Philipe verkörpert. Und in lebhafter Erinnerung sind den tschechischen Fernsehzuschauern die spannenden Szenen um Caligula aus der britischen Fernsehserie »Ich – Claudius, Kaiser und Gott«, die nach einem Roman von Robert Graves gedreht wurde.

Verständlicherweise beschäftigt der Fall Caligula am meisten Psychiater und Neurologen.

Wie konnte es zu einer so plötzlichen Geistesveränderung bei einem Mann kommen, fragen sie, der sich bis auf kleine Exzesse in der Kindheit aller Wahrscheinlichkeit nach normal verhalten hatte, und das anfangs auch nach Antritt seines hohen Amtes? Genügt die Erklärung, es sei lediglich Machtrausch gewesen, der ihn zu so schrecklichen Taten trieb? Oder war es nur Jugend und Unerfahrenheit?

Es gibt allerdings einen Tatbestand, der bisher wenig beachtet wurde.

Kurze Zeit nach der Proklamation zum Prinzeps erkrankte Caligula sehr schwer. Man zweifelte an seiner Genesung. Und weil er sich bisher als milder und kluger Prinzeps-Kaiser gezeigt hatte, wurde in Rom und im ganzen Reich für seine Genesung geopfert und gebetet. Suetonius schreibt, daß viele Menschen vor dem Kaiserpalast auf die Nachrichten der Ärzte warteten.

Leider wissen wir nicht, was das für Nachrichten waren.

Die antike Heilkunst hatte zu jener Zeit schon ein sehr beachtliches Niveau erreicht.

In den »Moralischen Briefen an Lucilius« schreibt

Seneca an einer Stelle, daß ihn oft Katarrhe und Fieber quälten. »Geistiger Trost kann die Wirkung eines Heilmittels haben. Was uns geistig emporhebt, ist auch für den Körper von Nutzen. Mir diente die Beschäftigung mit der stoischen Philosophie zum Heile ... Halte dich also an diese Mittel. Der Arzt wird dir Anweisung geben, wieviel du spazierengehen, wieweit du dich beschäftigen sollst. Der Arzt wird dir auch vorschreiben, welche Speisen du genießen darfst, wann du zur Kräftigung Wein zu dir nehmen und wann du ihn meiden sollst, um den Husten nicht zu reizen und zu verschlimmern.«

Ein römischer Arzt wußte und leistete nach Seneca nicht wenig. Die Medizin hatte zu der Zeit bereits eine lange Tradition: Heilkunst ist einer der ältesten Berufe der Welt. Schon aus dem alten Ägypten ist uns der Papyrus Ebers bekannt, der fundierte diagnostische und therapeutische Erkenntnisse enthält. Ärzte erwähnt schon die Gesetzessammlung des babylonischen Königs Hammurapi (1728–1686 v. u. Z.). Sie zählt die Pflichten der Ärzte auf und legt Entgelt, aber auch Strafen fest. Zum Beispiel konnte die Familie eines Patienten, der durch ärztliche Schuld starb, das Leben des Arztes fordern. Verlor jemand die Sehkraft eines Auges durch ärztliches Verschulden, büßte der Arzt selber ein Auge ein. Daraus ersieht man, daß im alten Mesopotamien die Heilkunst kein Honigschlecken war, sie mußte aber ein hohes Niveau besitzen, wenn man solche Anforderungen an sie stellte.

Die wissenschaftliche Heilkunst begann jedoch mit der griechischen Medizin. Bei Asklepios, dem griechischen Gott der Heilkunst, meint die moderne Geschichtswissenschaft, handelte es sich wahrscheinlich um einen hervorragenden Arzt, der später vergöttlicht wurde. Bei den Tempeln dieses Gott-Arztes wurden Krankenhäuser errichtet, die Asklepieien, wo es fast rationale Behandlung gab, man stellte eine Diagnose und gebrauchte Arzneien gegen viele Krankheiten, wandte auch eine Klimatherapie an. Sogar die Psychotherapie war bekannt. In den Ruinen des kleinasiatischen Pergamon ist ein Asklepieion teilweise erhalten, dazu gehört ein langer Gang, wo Asklepiospriester, durchweg Ärzte, den dort wandelnden Patienten ermunternde Worte durch Öffnungen in der Decke zuflüsterten. Übrigens betrachtete man die echten Geisteskranken in der Antike als geheiligt, sie waren mit der besonderen Gnade der Götter beschenkt worden.

Als Vater der wissenschaftlichen Medizin gilt der Grieche Hippokrates (geboren um 460 v. u. Z.), auf den die Bezeichnungen der wichtigsten Krankheiten und eine erste Klassifizierung der Erkrankungen zurückgehen. Von ihm stammt auch die Einteilung der Menschen in Grundtypen – Phlegmatiker, Sanguiniker, Choleriker und Melancholiker.

Ein weiterer berühmter Arzt der Antike war der Grieche Galenos (129–199). Er war der Leibarzt des Kaisers Marcus Aurelius und nach dessen Tode auch der seines Sohnes und Nachfolgers Commodus. Galenos erweiterte bedeutend die Kenntnisse in der Anatomie. (Er sezierte Schweine, Hunde und Ertrunkene und behandelte verletzte Gladiatoren chirurgisch.) Er wußte, daß das Gehirn das Leitorgan des Nervensystems ist und daß von dort die Motorik gesteuert wird. Er kannte die peripheren Nerven, die er schon in sensible und motorische einteilte. Galenos hinterließ vier größere Manuskripte und etwa 400 Traktate. Das römische Reich eröffnete der griechischen Medizin die gesamte damals bekannte Welt. Alle wohlhabenden römischen Familien hatten griechische Arzt-Sklaven, im gesamten Imperium praktizierten jedoch auch viele freie griechische Ärzte.

Es ist deshalb mehr als wahrscheinlich, daß sich unter den Ärzten, die den kranken Caligula behandelten, ein Grieche befand.

EINE KRANKHEIT BEEINFLUSST DIE GESCHICHTE. Leider sind wir über Caligulas Krankheit nicht ausreichend unterrichtet. Wir wissen lediglich, daß es sich um eine fieberhafte Erkrankung handelte, und als der junge Kaiser nach mehreren Monaten genesen war, hatte er sich völlig verändert. Er benahm sich so, als hätte er plötzlich jegliche Hemmungen verloren. Oder was soll man davon halten:

Tiberius Gemellus, ein Mitglied der kaiserlichen Familie, wurde beseitigt, weil er den Tod des Caesars gewünscht haben sollte. Der Wunsch des Gemellus und Caligulas Reaktion darauf ließen sich vielleicht noch begreifen – solange dieser Enkel des Tiberius und nach dessen Testament Caligulas Mitregent am Leben war, fühlte sich der junge Herrscher seiner Macht nicht völlig sicher, obwohl er das Testament vernichtet hatte, bevor es bekannt wurde. Aber wie soll man erklären, daß Publius Afranius Potius, der den Wunsch geäußert hatte, gern für den Caesar zu sterben, auf Caligulas Befehl von seinen Sklaven getötet wurde, »damit sein Wunsch erfüllt werde«? Der Ritter Atanius Secundus wurde gezwungen, sein Versprechen, er wolle im Zirkus als Gladiator auftreten, wenn der Caesar genese, einzulösen. Und dann kannte Caligulas Unberechenbarkeit keine Grenzen mehr ... So ergab sich eines Morgens, als ihm ein Sekretär Urkunden überreichte, damit er sie mit dem noch üblichen SPQR – Senatus Populusque Romanus – signierte, folgendes Gespräch:

Caligula: »Würde nicht Populus Romanus genügen? Das wäre kürzer.«

Sekretär: »So ist es der Brauch, Caesar.«

Caligula: »Ein Brauch läßt sich abschaffen.« Und nach einer Pause: »Vielleicht ist es leichter, die Senatoren abzuschaffen als den Senat.«

Kurz darauf wurden vierzig Senatoren in den Tod geschickt. Um diesen Verlust zu »ersetzen«, wollte Caligula angeblich sein Pferd zum Konsul ernennen. Wir würden also sagen: Untrügliche Zeichen von Wahnsinn. Alle uns bekannten Umstände berechtigen jedoch zur Annahme, daß die Hauptursache für dieses Verhalten die mehrere Monate dauernde (!) fieberhafte Erkrankung war.

Fieberhafte Erkrankung ... Das ist eine sehr allgemeine Diagnose. Sie hört aber auf, allgemein zu sein, wenn wir bedenken, daß es zu einer so auffälligen und unerklärlichen Veränderung kam, nachdem Caligula genesen war.

Caligula erkrankte demnach an einer schweren Infektion (vielleicht einer Virusinfektion), die sich als Enzephalitis äußerte. Daß sich die Krankheit im Gehirn festsetzte, ist vielleicht auch der vorangehenden (angeborenen?) geringfügigen Schädigung des Nervensystems zuzuschreiben, sofern wir Suetonius oder Caligulas Großmutter glauben dürfen.

Übrigens sind psychische Störungen nach Gehirnentzündungen gar nicht selten. Sie entstehen besonders nach epidemischer Enzephalitis, können aber auch nach jeder Gehirnentzündung auftreten.

Bei Caligula handelte es sich am ehesten um eine strukturelle Störung im Stirnhirn. Eine Schädigung in diesem Teil des Gehirns führt zum Verlust von Hemmungen, dann zur Aufgabe üblicher Umgangsformen, schließlich zu Persönlichkeitsverfall und Geistesschwäche. Zu dieser letzten Phase konnte es bei Caligula nicht mehr kommen, aber alle in ihm schlummernden bösen Geister hatten schon erwachen können.

Wenn sein Verhalten wirklich die Folge einer Enzephalitis war, dann hat diese Krankheit die römische Geschichte beeinflußt. Das unbeherrschte Verhalten Caligulas, verstärkt durch die krankhafte Vorstellung, er sei ein allmächtiger Gott, wurde zum Vorbild für weitere grausame, ehrgeizige und perverse Herrscher wie Nero, Commodus oder Caracalla. Und in einem gewissen Grade war es ein Vorzeichen für den Untergang des Reiches, das fast die gesamte damals bekannte Welt einnahm.

Claudius

Immer wenn dir heimlich Tränen kommen, so richte deine Augen auf den Caesar; die Augen trocknen beim Anblick dieser mächtigsten und strahlendsten Gottheit. Sein Glanz blendet sie, damit sie nichts anderes sehen …

Seneca
Trostschrift an Polybius

Das römische Sprichwort »Errare humanum est – Irren ist menschlich« schien wie geschaffen für die Stimmung und die Gefühle des römischen Volkes, als der ermordete Caligula von Tiberius Claudius Nero Germanicus abgelöst wurde, dem Bruder des beliebten Heerführers Germanicus und Onkel Caligulas. Während bei Caligula die Massen gejubelt hatten, befanden sie sich bei Claudius zumindest in Verlegenheit. Zu der Zeit umspannen den schon fünfzigjährigen Claudius viele Gerüchte über seine Absonderlichkeit, Ungeschicklichkeit, Lächerlichkeit, ja sogar Beschränktheit und Minderwertigkeit.

Auch die römischen Historiker jener Zeit mochten Claudius nicht. Davon zeugt schon die Art, wie sie das Drama schilderten, das sich am 24. Januar 41 u. Z. auf dem Palatin abgespielt hatte. Wie wir aus dem vorigen Kapitel wissen, wollte sich Caligula aus dem Theater in den Palast begeben, um zu baden und zu speisen. Claudius war mit zwei Senatoren direkt zum Hauptgebäude vorausgegangen, was ihm offenbar das Leben rettete. Caligula bog nämlich in Begleitung eines weiteren Senators zu einem überdachten Durchgang ab, wo er das Opfer der Verschwörung wurde.

Einige römische Historiker und der sogenannte Volksmund sagten dann, Claudius hätte sich hinter einem Vorhang versteckt und vor Angst gezittert.

Wie Claudius in diesen Augenblicken tatsächlich

zumute war und was ihm alles durch den Kopf ging, bleibt ein Geheimnis.

Er zitterte vor Angst ... Doch wer hätte das an seiner Stelle nicht getan? Sein Bruder Germanicus war unter rätselhaften Umständen gestorben, sein Stiefonkel Tiberius war von Prätorianern ermordet worden, und jetzt hatten Prätorianer Caligula getötet. Immerhin war Caligula sein Neffe, mochte er sein, wie er wollte.

Hätte Claudius an jenem 24. Januar 41 denselben Weg wie Caligula gewählt, wäre er ebenfalls umgebracht worden – die Verschwörer beabsichtigten zweifellos, die ganze Familie auszurotten. Als Caligulas Gattin über dem Leichnam ihres Mannes klagte, stieß ihr ein Prätorianer sein Schwert in den Hals, und ihre kleine Tochter zerschmetterte er an der Wand ...

Claudius soll vor Angst gezittert haben. Obendrein besaß er genügend gute Gründe, dem Volk nicht zu trauen. Im damaligen Rom, dessen Ideal das Soldatische, Gladiatorische, Herkulische war, konnte ein Mann seines Typs schwerlich Erfolg haben. Er rechnete offenbar nicht damit, Prinzeps zu werden, obwohl er in der ersten Reihe der herrschenden julisch-claudischen Dynastie stand.

Er wurde es trotzdem. Bei der Ermordung Caligulas und seiner Familie hatte er sich tatsächlich im Palast hinter einem Vorhang versteckt. Dort entdeckte ihn erst gegen Abend ein Prätorianer. Er rief: »Es lebe der Caesar!« – und der Sonderling Claudius wurde der vierte römische Prinzeps.

Weder Adonis noch Herkules. Wir sagten schon, daß die zeitgenössischen Historiker Claudius nicht wohlgesinnt waren und kaum freundliche Worte für ihn fanden. Nach Suetonius wurde er von mannigfachen und langwierigen Krankheiten heimgesucht, so daß er seelisch und körperlich geschwächt war und nicht für fähig gehalten wurde, ein öffentliches oder privates Amt zu bekleiden. Deshalb blieb er auch lange Zeit, und zwar selbst nach Erreichen der Volljährigkeit, noch unmündig und stand unter Aufsicht. Sein Aufseher soll ein ehemaliger Stallmeister gewesen sein – man kann sich vorstellen, wie er mit dem Jungen umging.

Am erschütterndsten war jedoch das Verhalten seiner Mutter Antonia. (Ja, dieselbe Antonia, die als Großmutter den kleinen Caligula erzog.) Sie soll gesagt haben, Claudius sei »ein Mißgebilde, von der Natur nur angefangen, nicht vollendet«.

Einige Quellen führen an, die Geburt von Claudius wäre ungewöhnlich gewesen (Steißgeburt?). Und später wird er so beschrieben: Sein Kopf zitterte, die schwachen Beine trugen kaum den plumpen Körper, die Gesichtszüge zeigten Spuren von Degeneration.

Ein Adonis oder Herkules war Claudius also gewiß nicht.

Aber reichte das aus, um ihn für beinahe schwachsinnig zu halten? Wenn seine Mutter Antonia von jemandem sagen wollte, er habe wenig Verstand, soll sie geäußert haben: »Er ist noch dümmer als mein Claudius.« (Dieses »Urteil« erschüttert sehr die Glaubwürdigkeit des Berichts, Antonia hätte beim jungen Caligula Merkmale von Entartung entdeckt.)

Die Worte der Mutter wurden selbstverständlich in ganz Rom verbreitet, und das wußte auch Claudius.

Er spürte, daß ihn die gesamte Familie verachtete und die Römer ihn verspotteten. Deshalb wurde er scheu und verschlossen. Diese Verschlossenheit legte man natürlich wieder als Absonderlichkeit oder Beschränktheit aus. Von allen Familienmitgliedern behandelte ihn sein Adoptivgroßvater Augustus am freundlichsten, ein weiteres Zeugnis dafür, was für ein kluger Mann er war. Aber auch Augustus wollte Claudius nicht in der Öffentlichkeit zeigen. Er wußte, wie wenig das Äußere seines Adoptivenkels dem »antiken Ideal« entsprach. Wenn ein öffentliches Auftreten von Claudius nicht zu vermeiden war, wurde er mit einer Kapuze verhüllt. Die Toga virilis (Zeichen der Reife), deren Übergabe in Rom, besonders in einer hochgestellten Familie, mit Pomp gefeiert wurde, erhielt er fast im geheimen, ohne jegliche Feierlichkeiten: Die Zeremonie fand um Mitternacht statt!

Im Jahre 24 u. Z., mit 33 Jahren, wurde Claudius in das neugegründete Collegium der Sodales Augustales berufen. Aus der Hinterlassenschaft des Augustus erhielt er 800000 Sesterzen. Unter Tiberius lebte er zurückgezogen auf seinen Gütern in der Campagna, weil ihm kein Amt angeboten wurde. Das Verhältnis zwischen Tiberius und Claudius war offenbar nicht gut, schließlich war Claudius der Bruder von Germanicus, den die Legionen zum Nachfolger des Augustus hatten ausrufen wollen.

Auch Caligula bot Claudius kein Amt an. Unter seiner Herrschaft wohnte er jedoch in Rom auf dem Palatin. Claudius hatte offenbar anfangs seinen Neffen gern und übertrug auf ihn die Bewunderung und Liebe, die er einst für seinen älteren Bruder Germanicus empfunden hatte. Doch auf dem Palatin hatte er es nicht leicht. Caligula demütigte ihn, wo er nur konnte, verspottete ihn, berief ihn zum Beispiel in ein Priesterkollegium und zwang ihn, für diese Ehre acht Millionen Sesterzen an die Staatskasse zu zahlen, so daß Claudius Schulden machen mußte.

In einer Zeit, als Provokationen, Verhaftungen, politische Prozesse und Aufforderungen zum Selbstmord an der Tagesordnung waren, schützte ihn der Ruf eines Sonderlings und harmlosen Narren. So wurde Claudius für Caligula nur eine Zielscheibe des Spottes, und auf dem Palatin galt er als eine Art Hofnarr, über den sich selbst Sklaven lustig machten.

ALLES WAR ANDERS. Denn dieser »Narr«, dieser Sonderling war ein Historiker, ein ausgezeichneter Historiker. Das hatten seine Mutter, sein Neffe und das römische Volk nicht bemerkt, oder es wurde ebenfalls für unziemlich gehalten. Die Liebe des Claudius galt der Geschichtsschreibung – zu der Zeit hatte sie in Rom ein ziemlich hohes Niveau –, sein Lehrer und Freund war Titus Livius, der größte Geschichtsschreiber der augusteischen Zeit, der mit seinem Werk »Ab urbe condita« (Geschichte seit der Gründung der Stadt Rom) die Stadt berühmt gemacht hatte. Claudius stellte sich als Historiker nicht gerade kleine Aufgaben: Er befaßte sich mit der Geschichte der Etrusker (leider ist seine Arbeit nicht erhalten geblieben) und der Geschichte Karthagos. Sein drittes Werk behandelte den Augusteischen Frieden, und er gedachte sogar eine Geschichte Roms seit Caesars Tod zu schreiben, aber die Familie überredete ihn, davon abzulassen, dieses Thema erschien ihr politisch untragbar und gefährlich.

Claudius

Auch wenn die historischen Werke von Claudius nicht erhalten sind, gibt es darüber genaue Berichte, und alle stimmen darin überein, daß seine Arbeiten gleich hinter Tacitus, Livius, Sallustius und anderen Klassikern der römischen Geschichtsschreibung einzuordnen sind.

Geschichtsschreibung ist ohne gründliches Quellenstudium nicht möglich. Und deshalb hatte wohl Claudius, der das offenbar mit Leidenschaft betrieb, für seine Zeitgenossen etwas von einem zerstreuten Professor. Oder er galt als Sonderling. Aber woher kam das Gerücht von seiner Beschränktheit? Dafür hatten offenbar seine Mutter Antonia und sein Neffe Caligula gesorgt. Und dazu beigetragen hatten wohl auch Claudius' Aussehen und seine Behinderungen: Er sprach schlecht (man nannte ihn den »stotternden Cla-Cla-Claudius«), hinkte auf dem linken Bein, litt wahrscheinlich an Gesichtszuckungen, und sein Kopf soll ständig gezittert haben.

Man lachte auch darüber, daß er gern gut aß. Einmal soll er während einer Gerichtsverhandlung den Saal verlassen haben, weil er plötzlich den Duft von Speisen verspürte. Boshafte Zungen behaupteten sogar, er plane einen besonderen Erlaß, wonach seine Gäste jederzeit die Winde ablassen könnten, weil er erfahren hatte, daß ein Mann vom gewaltsamen Zurückhalten der Blähungen erkrankt war.

Nach seiner gerüchteumsponnenen und etwas grotesken Proklamation zum Prinzeps erwies sich Claudius jedoch als ein Staatsmann wie kein anderer römischer Kaiser zwischen Augustus (31 v. u. Z.–14 u. Z.) und Traianus (98–117).

»Patres Conscripti«, so redete Claudius zu Beginn seines Prinzipats die Senatoren an (das war ihre offizielle Bezeichnung), »wenn ihr mit diesen Vorschlägen einverstanden seid, sagt das offen und nach eurer aufrichtigen Überzeugung. Wenn ihr dem nicht zustimmt oder wenn ihr andere Mittel wißt, erklärt das auf dieser Sitzung, oder falls ihr eine längere Bedenkfrist benötigt, könnt ihr sie haben, ihr müßt euch nur immer dessen bewußt sein, daß ihr eure eigene Meinung äußern sollt.«

Diese Worte, zitiert nach Šustas »Weltgeschichte«, zeugen keineswegs von Beschränktheit, auch nicht von Absonderlichkeit. Im Gegenteil, sie sind sogar ein Beweis dafür, daß Claudius nicht nach Alleinherrschaft trachtete und mit dem Senat loyal zusammenarbeiten wollte. Der Senat war jedoch längst nicht mehr das, was er in republikanischen Zeiten gewesen war: Er fürchtete den Caesar und versuchte, ihm zu schmeicheln. Und da sich zwei Jahre später auch Senatoren an einer Verschwörung beteiligten, sah sich der Caesar gezwungen, das riesige römische Reich allein zu verwalten.

Nun zeigte sich, wie sehr sich die öffentliche Meinung geirrt hatte, als sie Claudius mit Mißtrauen und Spott begegnet war. Claudius gelangte zu dem Schluß, daß eine Zusammenarbeit mit dem Senat unmöglich war, und tat etwas Ähnliches wie siebzehn Jahrhunderte später der österreichische Kaiser Joseph II.: Er schuf neben den traditionellen römischen Ämtern, wie zum Beispiel den Quästoren, Prätoren und Konsuln, eine vorzügliche bürokratische Maschinerie, die gut funktionierte. Die Verwaltung des römischen Reiches wurde unter Claudius in zentralen Ämtern zusammengefaßt, die wir heute als Ministerien bezeichnen würden.

An die Spitze dieser Ämter oder Ministerien stellte er Männer, denen er hundertprozentig vertrauen konnte – Freigelassene, die zu seiner oder der Familie seiner Mutter Antonia gehörten. (Wenn in Rom ein Sklave freigelassen wurde, gehörte er zur Familie seines ehemaligen Herrn und bekam auch dessen Beinamen.) Der Treueste und Fähigste unter diesen Freigelassenen war Narcissus, der sozusagen Ministerpräsident wurde, die Finanzen verwaltete Pallas, die Justiz unterstand Callistus. Claudius schuf sogar das Amt »a studiis«, das ähnliche Aufgaben hatte wie heute das tschechische Ministerium für Schulwesen und Kultur.

Diese anfänglich mit Spott betrachtete Herrschaft war für ihre Zeit fortschrittlich. Unter Claudius wurden Straßen angelegt und öffentliche Gebäude errichtet, es zeigten sich die Ansätze einer gewissen sozialen Fürsorge. Und obwohl Italien im Mittelpunkt stand, kümmerten sich der Kaiser und seine Beamten auch um die Provinzen. Ihren prominentesten Vertretern wurde in größerem Umfang als früher das römische Bürgerrecht erteilt, sie wurden auch in den Senat aufgenommen. Das alles und die Verbesserung des Verkehrs durch den Bau eines Straßennetzes trugen bedeutend zur Latinisierung des gesamten Mittelmeerraums bei, was Auswirkungen bis in die heutige Zeit hat. Claudius' Toleranz äußerte sich am markantesten in seinem Verhalten gegenüber den Juden, denen er Gottesdienste im gesamten römischen Reich gestattete. Im elften Jahr seiner Herrschaft entschied er auf wirklich unerwartete Weise in einem Streit zwischen Juden, Samaritern und Cumanus, dem damaligen Statthalter Judäas. Die Samariter hatten jüdische Pilger auf dem Weg nach Jerusalem überfallen. Daraufhin wandten sich die Juden an Cumanus, damit er die Schuldigen bestrafe. Cumanus ließ sich jedoch bestechen und unternahm nichts. Als deshalb Unruhen ausbrachen, verstärkte Cumanus die Besatzungen und tötete viele Juden. Claudius vernahm Zeugen, gab den Juden Recht und bestrafte die Samariter und den Statthalter Cumanus.

Begreiflicherweise ertrugen die Römer, deren Wohlstand auf der Ausbeutung von Sklaven beruhte, die Herrschaft der verachteten Freigelassenen nur mit Widerwillen. (Daß diese von Claudius nicht nur deshalb ausgewählt wurden, weil er sich auf ihre Loyalität verlassen konnte, sondern auch, weil sie für die ihnen anvertrauten Ämter die entsprechenden Fähigkeiten besaßen, merkte niemand.) So bildete sich eine Opposition gegen den Kaiser. Das erklärt wohl auch den Spott, dem Claudius weiterhin ausgesetzt war. Die Opposition erschütterte jedoch nicht seine Stellung. Der zentralistische Charakter des römischen Reichs, den Claudius geprägt hatte, wurde bis zum Untergang des Imperiums beibehalten, und das Beamtensystem, das er eingeführt hatte, wurde typisch für alle späteren absolutistischen Staaten.

Erfolge erzielte Claudius auch in der Außenpolitik. Kein Kaiser (mit Ausnahme von Traianus) vergrößerte das Gebiet des römischen Reichs so wie der »Sonderling« Claudius. Erst mit der Eroberung der letzten selbständigen nordafrikanischen Gebiete wurde das Mittelmeer wirklich ein Binnenmeer des römischen Imperiums, mare nostrum, unser Meer. Alle seine Küsten gehörten zu Rom. Unter Claudius wurde dem römischen Reich auch Thrakien angegliedert, der Gipfel der militärischen Erfolge war jedoch die Annexion Britanniens bis zu den Flüssen Trent und Severn, wodurch die schmachvolle Niederlage Caligulas wettgemacht wurde, die dieser auch noch in einem Triumphzug in Alexandria feiern wollte. Claudius leitete persönlich im Jahre 43 den Feldzug gegen die Briten. Der Kampf endete mit der Einnahme des Widerstandszentrums Camulodunum (heute Colchester), wo später ein zentraler Tempel gebaut wurde, der die britische Ehrerbietung gegenüber Rom demonstrierte. Hier übertraf Claudius sogar Julius Caesar. Er erreichte, was diesem nicht gelungen war: Britannien wurde allmählich latinisiert.

Mit der Eroberung Lykiens wurde auch Kleinasien ganz römisch, und kurz darauf nahm das Imperium auch die Reste des einstigen jüdischen Reiches in Besitz.

MESSALINA. Kein Glück hatte Claudius mit den Frauen. Er heiratete ziemlich spät. Von seiner ersten Frau Plautia Urgulanilla, der Enkelin einer Freundin seiner Großmutter, ließ er sich bald scheiden. Nur kurze Zeit lebte er auch mit seiner zweiten Frau Aelia Paetina zusammen.

Erst in fortgeschrittenem Alter heiratete er zum dritten Mal, und zwar die schöne Valeria Messalina, eine Großnichte des Augustus, deren Reize ihn bezauberten. Sie war etwa dreißig Jahre jünger als er. Claudius liebte sie sehr, er vertraute ihr alles an, beriet sich mit ihr, sie teilte mit ihm sogar den Triumph nach dem Feldzug in Britannien. Der Verbindung entsprossen zwei Kinder, der Sohn Britannicus und die Tochter Octavia.

Leider war eheliche Treue nicht Messalinas starke Seite. Die Geschichtsschreiber scheinen nicht zu übertreiben, wenn sie anführen, daß sie Hunderte von Liebhabern hatte. Deshalb wurde der Name Messalina zum Synonym für eine schlechte, ruchlose, lasterhafte Frau. Als 1793 das französische Revolutionstribunal die Königin Marie Antoinette besonders heftig beschimpfen wollte, nannte man sie Messalina.

In einigen historischen Werken wird Messalina als »Dirne in Purpur« bezeichnet. Sie war aber keine Dirne. Messalina verkaufte sich nicht, das hatte sie nicht nötig. Sie dürfte eher an Nymphomanie gelitten haben. Ein starker Trieb aber fehlt den käuflichen Frauen meist. Messalina vergab Ämter und ließ sich dafür mit »Liebe« bezahlen. Wer es ablehnte, mit ihr das Bett zu teilen, wurde mit dem Tode bedroht. Einige treue Ehemänner sollen tatsächlich ihr Leben verloren haben.

Außerdem veranstaltete Messalina »Feste«, die wir heute als Gruppensex bezeichnen würden.

Ganz Rom wußte von Messalinas Treiben, bis auf einen einzigen Mann, wie das gewöhnlich zu sein pflegt – ihren Ehemann Claudius. Als Messalinas Orgien jedes Maß überstiegen und die Autorität des Kaisers untergruben, mußte man Claudius die Augen öffnen. Das tat sein treuester Freigelassener, der »Ministerpräsident« Narcissus. Der Kaiser befand sich gerade in Ostia. Er kehrte augenblicklich nach Rom zurück. In den Prätorianerkasernen, wohin alle ermittelten Liebhaber Messalinas gebracht oder gelockt worden waren, machte er halt. Die Männer wurden sofort getötet.

Messalina selbst hätte sich vielleicht noch retten können. Claudius war geneigt, ihr zu verzeihen. Schließlich war Messalina die Mutter seiner beiden Kinder, und er liebte sie. Aber Narcissus verhinderte das. Er schickte Soldaten und einen Freigelassenen zu Messalina. Sie versuchte Selbstmord, und als ihr das mißlang, führte ein Prätorianer den Dolch in ihrer Hand.

Agrippina. Man könnte sagen, mit seiner vierten und letzten Ehe war Claudius aus dem Regen in die Traufe geraten. Er heiratete die vierunddreißigjährige Agrippina, Caligulas Schwester, also seine Nichte. Agrippina war eine äußerst ehrgeizige und skrupellose Frau. Sie hatte sich vorgenommen, ihren Sohn aus erster Ehe als Thronfolger nominieren zu lassen. Das gelang ihr. Claudius adoptierte ihren Sohn, verheiratete ihn mit seiner Tochter Octavia und bestimmte ihn zu seinem Nachfolger anstelle seines eigenen Sohnes Britannicus. Dieser Adoptivsohn des Claudius wurde tatsächlich römischer Kaiser und ging unrühmlich in die Geschichte ein – es war Kaiser Nero.

Agrippina festigte inzwischen ihre Position. Was wäre, wenn es sich Claudius mit der Nachfolge anders überlegt? Prätorianerpräfekt wurde daher Afranius Burrus, ein Vertrauter Agrippinas. Und dann starb Claudius 54 u. Z. plötzlich im Alter von 63 Jahren, zufälligerweise zu einer Zeit, als der treueste kaiserliche Freigelassene Narcissus nicht in Rom weilte. Als Todesursache galt eine Pilzvergiftung, obwohl sich das nicht sicher beweisen ließ.

An welcher Krankheit litt Claudius? Daß Claudius Beschwerden hatte, steht außer Zweifel. Ebenso unbestritten ist allerdings, daß er nicht geistesgestört oder schwachsinnig war.

Wiederholen wir, was wir darüber wissen:

1. Er war krank von Geburt an.

2. Das Äußere von Claudius war so unnormal, daß die Menschen in seiner engeren Umgebung und durch Gerüchte fast alle Römer diesen begabten Historiker und später auch erfolgreichen Staatsmann für debil hielten.

3. Claudius konnte schlecht laufen, offenbar wegen einer Störung des Bewegungsapparats.

4. Es traten unwillkürliche Zuckungen (Ticks) im Gesicht auf, vielleicht auch der Gliedmaßen (das behinderte ihn möglicherweise beim Laufen).

5. Er sprach schlecht, wobei es sich nicht um Stottern handelte, da er später im Senat fließend redete.

6. Nach einigen Berichten war seine Geburt schwierig gewesen, vielleicht war es eine Steißgeburt.

Berücksichtigen muß man auch die Tatsache, daß Claudius über sechzig Jahre alt wurde.

Aus den Befunden ergibt sich fast eindeutig die Diagnose zerebrale Kinderlähmung, wahrscheinlich in der dyskinetischen Form.

Die zerebrale Kinderlähmung ist eine angeborene oder früh erworbene Störung der Motorik und deren Entwicklung. Die Symptome verschlimmern sich nicht, bleiben jedoch unveränderlich. Ursachen sind Krankheiten der Mutter während der Schwangerschaft, schwere Geburten, d. h. lange dauernde Geburten, Zangen- oder Steißgeburten, Früh- oder Spätgeburten. Manchmal entsteht zerebrale Kinderlähmung durch eine Hirnschädigung infolge einer Lungenentzündung oder eines Darmkatarrhs des Kindes kurze Zeit nach der Geburt. Es können auch mehrere Ursachen zusammenwirken.

Zerebrale Kinderlähmung hat mehrere Unterformen, die sich durch die Art und den Grad der motorischen Störungen unterscheiden. Oft treten Sprachstörungen auf. Die Beschwerden, an denen Claudius litt, lassen am ehesten an die dyskinetische Form denken, bei der unwillkürliche Bewegungen die Willkürmotorik stören: Das Gesicht zeigt den maskenhaften Ausdruck von Lachen, Entsetzen oder Zorn ohne entsprechende Emotionen. Auch die Sprache ist durch unzureichende Atemökonomie gestört, so daß das Sprechen fast wie Stottern wirkt. Im Laufe des Lebens kann es aber bei leichteren Formen (und um eine solche handelte es sich wohl bei Claudius) zu einer gewissen Besserung beim Sprechen und zum Nachlassen der unwillkürlichen Bewegungen kommen; der Gang bleibt jedoch auch dann meist auffällig gestört, ebenso wie die Motorik der oberen Gliedmaßen.

Diese Diagnose kann man nach zwanzig Jahrhunderten selbstverständlich nicht mit letzter Sicherheit stellen, aber was wir über Claudius aus überlieferten Quellen wissen, macht sie mehr als wahrscheinlich. Besonders wenn wir die Tatsache berücksichtigen, daß gerade Patienten, die an der dyskinetischen Form der zerebralen Kinderlähmung leiden, oft einen normalen, ja sogar überdurchschnittlichen Intellekt haben, obwohl sie wegen der unwillkürlichen Bewegungsabläufe in den Gliedmaßen und Gesichtsmuskeln zumindest seltsam wirken. Das geistige Vermögen solcher Menschen kann von vielen völlig falsch eingeschätzt werden. So war es offenbar auch bei Kaiser Claudius, der vorläufig der erste bekannte Fall von zerebraler Kinderlähmung in der Geschichte ist.

Karl IV.

Und so trafen wir, als wir nach Böhmen kamen, weder Vater noch Mutter, noch Bruder, noch Schwestern, noch sonst einen Bekannten an. Auch die böhmische Sprache hatten wir völlig vergessen, lernten sie jedoch nachher wieder, so daß wir sie wie jeder andere Böhme redeten und verstanden ...

Das Königreich fanden wir so verwahrlost, daß wir nicht eine einzige Burg antrafen, die nicht mit allen ihren Krongütern verpfändet gewesen wäre, so daß wir nirgends anders als in den Häusern der Städte wohnen konnten wie jeder andere Bürger. Das Prager Schloß aber lag seit den Zeiten König Ottokars so verödet, zerstört und in Trümmern, daß es so gut wie dem Boden gleichgemacht war.

Karl IV.
Selbstbiographie

Dieses traurige Bild bot der zerstörte Sitz der letzten Přemysliden dem ältesten Sohn des böhmischen Königs Johann von Luxemburg. Am 30. Oktober 1333 kehrte er nach zehnjährigem Aufenthalt in Frankreich ins heimatliche Prag zurück, um hier als Markgraf von Mähren in Abwesenheit seines Vaters die Verwaltung von Böhmen und Mähren zu übernehmen. Er war erst siebzehn Jahre alt.

Der junge Markgraf ließ seine erste, gleichaltrige Gemahlin Blanka von Valois nachkommen, eine Schwester des französischen Königs Philipp VI. Man hatte sie als siebenjährige Kinder vermählt, was damals in Herrscherhäusern nicht außergewöhnlich war. Weil König Johann die Prager Burg, bevor sie niederbrannte, mit allen Krönungskleinodien verpfändet hatte und in der Stadt kein eigenes Haus besaß, quartierte sich Karl in der Altstadt ein, vielleicht im Hause U Štupartů, das auch seinem Vater als Unterkunft diente, wenn er vom Schlachtfeld oder von Ritterturnieren nach Prag kam. (Übrigens meist nur für kurze Zeit, um die Pacht aus den Ländern der böhmischen Krone und neuerworbenen Gebieten in Empfang zu nehmen.) Der neue Verwalter der böhmischen Länder wollte sich jedoch ständig in Prag niederlassen, um seinen Herrscherpflichten besser genügen zu können. Als Herrscher besaß er alle Voraussetzungen: angeborene Fähigkeiten, genug Beherztheit und jugendlichen Elan und eine für seine Zeit hervorragende Bildung, die er in Frankreich erworben hatte. Dort hatte er auch einen neuen Namen bekommen. Nach seiner Geburt taufte man ihn am 16. Mai 1316 Wenzel (Václav) im Gedenken an den Herzog, den böhmischen Landespatron. Den Namen Karl gab man ihm bei der Firmung, und als Karl (gewöhnlich mit dem Zusatz der Vierte) ging er in die Geschichte ein.

Die Worte »Vater des Vaterlandes«, die zuerst an seinem Sarge fielen, prägten die Vorstellungen über die Rolle Karls IV. in der tschechischen Geschichte. Er ist immer als erhabener Monarch in einem festlichen Gewand und mit einer goldenen Krone auf dem Kopf dargestellt: wenn er die Gründungsurkunde der Prager Universität unterschreibt, der ältesten in Mitteleuropa, damit die Bewohner des über alles geliebten böhmischen Königreichs nicht zu fremden Tischen gehen mußten, um ihren Wissensdurst zu stillen; wenn er auf einem hohen Thron den Vorsitz bei der prunkvollen Versammlung der Kurfürsten und Fürsten des Heiligen Römischen Reiches führt; wenn er in stiller Andacht in der Kapelle von Karlstein kniet, der wunderschönen Burg, die er neben weiteren unzähligen prächtigen Bauten in Böhmen errichten ließ.

Die Spuren, die Karl IV. in der tschechischen Hauptstadt hinterließ, sind wahrhaftig unauslöschlich. Wir begegnen ihnen täglich auf Schritt und Tritt, ohne uns dessen bewußt zu sein. Man braucht nur über den Karlsplatz zu gehen, der zu den größten Plätzen Europas gehört, oder über die herrliche steinerne Brücke. Diese Brücke scheint bis heute den Geist Frankreichs zu atmen, woher er den berühmten Baumeister Matthias von Arras mitgebracht hatte. Man braucht nur das Panorama des Hradschin mit dem schlanken Turm des Veitsdoms zu betrachten …

Zum gotischen Prag, dem »Gedicht in Stein«, gehören auch das Karolinum, der Karlshof, das Emmauskloster, das mit seinen Türmen die umliegenden Häuser überragt, und viele weitere schöne Bauwerke, die größtenteils Karl IV. zu verdanken sind. Sein Siegel trägt auch die Gründungsurkunde der Prager Neustadt. Karl legte selbst den Grundstein zur neuen Stadtmauer und befreite die Bewohner für gewisse Zeit von allen Abgaben, wofür jeder, der eine Parzelle kaufte, innerhalb von anderthalb Jahren ein Haus bauen mußte.

Mit dem Namen Karls IV. sind jedoch nicht nur die berühmte Brücke, die Universität, die Prager Neustadt, der Veitsdom, Karlsbad usw. verbunden. Der weitblickende Herrscher ließ auch Rebstöcke aus Burgund, einem der berühmtesten französischen Weinbaugebiete, nach Böhmen bringen, er förderte das Anlegen von Teichen und sorgte für das Aufblühen der Städte, die er mit zahlreichen Rechten und Privilegien ausstattete. Wenn es um die Interessen des Königreichs und der Krongüter ging, zögerte er nicht, gegen die Willkür der Adligen vorzugehen und dem Gesetz nötigenfalls mit Waffengewalt Geltung zu verschaffen.

Wollten wir ein Geschichtsbuch schreiben, dürften in der Aufzählung von Karls Taten auch die Goldene Bulle, die Erhebung des Prager Bistums zum Erzbistum oder der Erwerb umfangreicher Gebiete nicht fehlen. Karl war stets darauf bedacht, das alte, von seinen přemyslidischen Vorfahren ererbte böhmische Königreich zu vergrößern und dessen Ruhm zu mehren.

Vergessen wir jedoch den hehren Herrscher und betrachten wir Karls Persönlichkeit von einer anderen Seite. Neruda beschreibt beispielsweise in einer Romanze, daß sich Karl mit Bušek von Wilhartitz an einen Eichentisch setzte, wo die beiden »viele Becher gemeinsam leerten und aus voller Kehle sangen« – und wir haben keinen Grund, dem Dichter nicht zu glauben. Karl ging auch im königlichen Gewand unter den Maurern und Steinmetzen umher, die seine Neustadt bauten, und unterhielt sich mit ihnen kenntnisreich und verständnisvoll über ihre Arbeit. Wie? Selbstverständlich tschechisch.

Für das Tschechische, seine Muttersprache, hatte Karl IV. überhaupt eine große Schwäche. Obwohl alle von ihm unterzeichneten Urkunden und seine Autobiographie in Latein verfaßt sind, bestand er darauf, daß im amtlichen Verkehr tschechisch geschrieben und gesprochen wurde. In der Goldenen Bulle, die im Heiligen Römischen Reich bis zu dessen Untergang galt, bestimmte Karl, daß die Reichsbeamten, ja sogar die Söhne der deutschen Fürsten und Kurfürsten das Tschechische lernen sollten. Obwohl alle vier Gemahlinnen Karls keine Tschechinnen waren, wurde die tschechische Sprache auch bei Hofe bevorzugt. Ein besonders beredtes Zeugnis für Karls nationales Bewußtsein ist die Einführung der slawischen Liturgie im neuerbauten Emmauskloster. Unter anderem beschenkte er dieses Kloster mit einem kostbaren Evangeliar, das dem 1204 heiliggesprochenen Abt Prokop des Benediktinerklosters Sazava gehört haben soll und das später nach Reims gelangte, wo man es bei den Krönungszeremonien der französischen Könige verwandte.

Damit kommen wir zu einer anderen Schwäche

oder eher Leidenschaft Karls. Wir wissen, daß er passioniert Reliquien sammelte, die er in kostbaren Behältnissen aufbewahrte, Meisterwerken der Goldschmiedekunst. Weniger bekannt ist, daß er eine umfangreiche Sammlung wertvoller Handschriften religiösen und weltlichen Inhalts besaß (mit einem Teil davon stattete er die Prager Universitätsbibliothek aus) und daß sich sein Sammlerinteresse auch auf Kameen, antike Münzen und natürliche Mineralien erstreckte. Vom Umfang seiner Sammlungen, deren Inventarverzeichnis aus dem Jahre 1379 über 3900 Nummern aufwies, zeugt die Nachricht, daß Sigmund 500 Wagen brauchte, als er 1422 die Sammlungen seines Vaters und seines Bruders außer Landes schaffen wollte. Lange konnte er sich jedoch nicht an den Schätzen erfreuen, denn schon bei Deutsch Brod (Německý Brod) bemächtigten sich die Hussiten der Wagen.

Karl IV. hatte aber auch das unruhige Blut von seinem kampfes- und abenteuerlustigen Vater geerbt und die Lebenslust von seiner Mutter Elisabeth aus dem Geschlecht der Přemysliden. Die staatsmännische und diplomatische Klugheit und menschliche Reife mußte also der böhmische König und römisch-deutsche Kaiser Karl erst erwerben. Daß er seine Jugend nicht wie ein Mönch verbrachte, haben uns zeitgenössische Berichte überliefert (wobei deren Herkunft wichtig ist, denn bekanntlich mochten ihn die Deutschen nicht sehr – sie behaupteten zum Beispiel, Karl sei den Tschechen ein Vater, aber den Deutschen ein Stiefvater gewesen). Es bezeugt aber auch ein Traum, den er in seiner Lebensbeschreibung schildert:

»Als darauf unser Vater, nicht lange nach uns, den

Weg nach Parma nahm, gelangten wir an einem Sonntag, auf welchen, als den 15. August, der Tag der Himmelfahrt der heiligen Jungfrau Maria ficl, zusammen in ein Dorf, namens Terenzo, im Gebiete von Parma. Hier ward uns, als uns nachts der Schlaf beschlich, folgende Erscheinung. Ein Engel Gottes trat neben uns zur Linken unseres Lagers, stieß uns an und sprach: ›Stehe auf und komm mit uns!‹ Wir antworteten im Geiste: ›Herr, ich weiß nicht, wohin, noch auch, wie ich mit Euch gehen soll.‹ Indem er uns nun an den Haaren faßte, trug er uns mit sich in die Luft empor bis über eine große Schlachtreihe bewaffneter Reiter, welche kampfbereit vor einer Burg standen. Und er hielt uns über der Schlachtreihe in den Lüften und sprach zu uns: ›Blicke hin und schaue!‹ Und siehe da, ein anderer Engel fuhr mit feurigem Schwert vom Himmel herab, durchstieß einen Mann in der Mitte der Schlachtreihe und verstümmelte sein Glied mit dem Schwerte; anscheinend zum Sterben verwundet, rang dieser auf dem Pferde sitzend mit dem Tode. Da sprach der Engel, der uns an den Haaren hielt: ›Erkennst du jenen, der vom Engel durchbohrt und zu Tode verwundet worden ist?‹ – ›Herr, ich kenne ihn nicht‹, sprachen wir, ›und auch den Ort erkenne ich nicht.‹ Er sprach: ›Wisse, dies ist der Dauphin von Vienne, welcher wegen der Sünde der Ausschweifung so schwer von Gott geschlagen worden ist. Jetzt also nehmet euch in acht, und auch Euerm Vater mögt Ihr sagen, daß er sich vor ähnlichen Sünden hüte, oder es wird euch noch Schlimmeres treffen.‹«

Der Dauphin von Vienne war Karls Cousin. Karl berichtet weiter, daß dieser zu der Zeit tatsächlich schwer verwundet wurde und kurz darauf starb. Wir könnten sagen: ein normaler Traum und Glaube an Träume. Aber was bedeuten das männliche Glied, die Sünde der Ausschweifung und die ernsthafte Verwarnung Karls und seines Vaters? Das zeugt zumindest von einem nicht ganz reinen Gewissen.

Der jugendliche Karl (noch in späteren Jahren wurde er vom Papst wegen unwürdiger und für einen Kaiser unziemlicher Kleidung getadelt) war freilich längst nicht der bedachtsame Herrscher der fünfziger bis siebziger Jahre, also der Zeit seiner größten politischen Erfolge und seiner klugen Herrschaft in Böhmen und im ganzen Reich. Er war längst nicht so fromm, ja bigott. Seine spätere strenge Auffassung von religiösen Pflichten soll sogar seine Zeitgenossen erstaunt haben und wurde für religiöse Psychopathie gehalten, ein Erbteil seines Großvaters Wenzel II. Das ist jedoch keine ausreichende Erklärung.

Karls Frömmigkeit konnte auch durch seine Stellung als Kaiser bedingt sein, er war Herrscher »von Gottes Gnaden«, war der weltliche Arm und der Beschützer der Kirche. Zu jener Zeit, als der Feudalismus sein höchstes Stadium erreicht hatte, beanspruchte die Kirche das Recht, in der europäischen Politik mitzureden und vor allem unbeschränkt Denken und Gesinnung aller Menschen zu kontrollieren, gekrönte Häupter nicht ausgenommen. Auch Karl IV., mag er durch seine Staatskunst, Geisteskraft und Bildung seine Zeitgenossen überragt haben, und zwar nicht nur gekrönte, war schließlich ein Kind seiner Zeit, in der die Religion in der gesamten geistigen Sphäre die dominierende Rolle spielte.

Karl IV. hat die Kirche auf alle erdenkliche Weise gefördert, er vermehrte ihre weltlichen Güter, gründete Klöster und baute Kirchen, betraute kirchliche

Würdenträger (in Böhmen gehörten sie zu den größten Feudalherren) mit hohen Regierungsämtern wie dem Amt des böhmischen Kanzlers, das der Bischof von Leitomischl (Litomyšl) innehatte. Andererseits verwundert Karls religiöse Toleranz. So wurde zum Beispiel ein Vorgänger von Hus, der Prediger Jan Milicz von Kremsier (Jan Milíčz z Kroměříže), der den moralischen Verfall von Kirche und Priesterschaft, den Ablaßhandel und die Simonie anprangerte, nicht bestraft, selbst als er seinen König Antichrist nannte.

Diese scheinbar widersprüchlichen Züge, die das Bild von Karls Persönlichkeit vervollständigen, bestätigen trotzdem nur, was schon gesagt wurde: Im wesentlichen blieb Karl im Rahmen der Zeit, die ihn geprägt hatte und die er auf der höchsten Sprosse der gesellschaftlichen Stufenleiter repräsentierte. Die Widersprüche weisen jedoch schon auf die Krise der Feudalgesellschaft hin, eine Krise, die sich vorläufig erst zaghaft in den Predigten von Jan Milicz, Konrad von Waldhausen und weiteren Kritikern kirchlicher Mißstände andeutete, eher einem unterirdischen Strom ähnelnd. Die Zeit, wo dieser Strom mit voller Kraft aus der Tiefe hervorbrach, war nicht mehr fern. Schon unter Karls Söhnen Wenzel und Sigmund trat die Krise zutage.

Auch der Sohn flieht nicht aus der Schlacht. Karl IV. ist als Friedenskaiser in die Geschichte eingegangen. Er vermochte mit staatsmännischem und diplomatischem Geschick mehr zu erreichen als mit Waffen. Dabei fürchtete er den Kampf durchaus nicht. Schlachten und größere oder kleinere Scharmützel hatte er an der Seite seines Vaters genug er-

Karl IV.

lebt. In den Reihen der französischen Ritter kämpfte Karl in der letzten Schlacht König Johanns bei Crécy, wenn auch sein blinder Vater ihn an Tapferkeit noch übertraf. Daß er dem Feind mit dem Schwert in der Hand trotzen konnte, hatte er schon lange vorher bewiesen, besonders in Italien. Hier hatte König Johann phantastische Pläne gehegt, die er schließlich völlig aufgeben mußte. Vielleicht gerade deshalb, weil Johann erfuhr, wie vergänglich Eroberungen mit dem Schwert sind, wurde sein Sohn ein überzeugter Verfechter des Friedens. Durch geschicktes Verhandeln und eine wohlbedachte Heiratspolitik gelang es ihm, den Ländern der böhmischen Krone die Mark Brandenburg einzuverleiben (leider verkaufte sein Sohn Sigmund auf dem Konstanzer Konzil das Land an den Nürnberger Burggrafen Friedrich von Hohenzollern, einen Vorfahren preußischer Könige und deutscher Kaiser), außerdem Schweidnitz und ausgedehnte Besitztümer in Sachsen, Franken und der Pfalz. Das alles ohne Blutvergießen und ohne die Plagen für die Bevölkerung, die ein Krieg mit sich bringt.

Trotzdem konnte er kämpfen. Darüber schreibt er in seiner sympathisch bescheidenen Autobiographie. Als Sechzehnjähriger nahm er an einer Schlacht bei San Felice in Italien teil, dort wurde er für seine Tapferkeit zum Ritter geschlagen.

»Nachdem wir hierauf Beratung gehalten, begaben wir uns ins Feld, schlugen ein Lager auf und kamen dort am Tage der heiligen Katharina an, an welchem die Burg in die Hände der Feinde geliefert werden sollte. Um die neunte Stunde eröffneten wir mit 1200 Helmen und 6000 Fußsoldaten den Kampf gegen die Feinde, deren wohl ebensoviel oder noch mehr waren, und das Treffen dauerte von der neunten Stunde bis nach Sonnenuntergang. Von beiden Seiten wurden fast alle Streitrosse und andere Pferde mehr getötet, und wir waren fast besiegt; auch das Schlachtroß, auf welchem wir saßen, wurde getötet. Als wir, von den Unseren wieder aufgehoben, so dastanden und um uns blickend erkannten, daß wir fast überwunden waren, und uns schon der Verzweiflung nahe fühlten: Siehe, da begannen zur selben Stunde die Feinde mit ihren Fahnen zu fliehen, zuerst die Mantuaner, denen dann noch mehr folgten. Und so errangen wir durch Gottes Gnade den Sieg über unsere Feinde, von denen wir 800 Helme auf der Flucht gefangennahmen und 5000 Fußgänger töteten. Durch solchen Sieg war die Burg San Felice befreit. In diesem Kriege empfingen wir nebst 200 tapferen Mannen die Ritterwürde.«

Auch wenn dieser Bericht – natürlicherweise – durch den zeitlichen Abstand und die spätere Sicht gekennzeichnet ist, spürt man doch das stolze Bewußtsein, daß sich Karl in so früher Jugend als Kämpfer bewährt hatte und daß er ein würdiger Sohn seines Vaters war, der als Ritter hohes Ansehen genoß.

Diesen Kampfesgeist bekundete Karl auch im reifen Alter, als sich sein Nacken allmählich infolge einer Krankheit oder vielleicht einer Wirbelsäulenverletzung in der Jugend zu krümmen begann. Es ist zum Beispiel überliefert, daß im Juni 1356 der damals vierzigjährige böhmische König und römisch-deutsche Kaiser mit einem Heer zur Burg Žampach zog, um den Raubritter Jan von Smojno, genannt Panzer, zu bestrafen, der Kaufleute und friedliche Reisende überfiel und trotz mehrfacher Ermahnungen des Herrschers sein räuberisches Treiben nicht lassen wollte. Karl erstürmte die Burg und verurteilte Panzer zum Tode durch Erhängen. Dieses energische Eingreifen verschaffte dem Kaiser solchen Respekt, daß sich Reisende in Böhmen und im ganzen Reich – wie ein Chronist berichtet – sicher fühlten wie in keinem anderen Land.

Chroniken überliefern uns jedoch auch andere Ereignisse, sozusagen die Kehrseite der Medaille. Auf Karl wurden hinterhältige Anschläge verübt. Als er im Mai 1355 von der Kaiserkrönung aus Rom heimkehrte, verweilte er in Pisa, um die Huldigungen der dortigen Bürger entgegenzunehmen. (Pisa gehörte zur Lombardei, die Karl als ihren obersten Herrscher anerkannte.) Er ahnte nicht, daß in der Stadt eine Rebellion gegen ihn vorbereitet wurde. Die Verschwörer zündeten nachts das Rathaus an, in dem der Kaiser und die Kaiserin (Anna von Schweidnitz) untergebracht waren. Glücklicherweise gelang es beiden, aus dem brennenden Gebäude zu fliehen. Morgens überwältigten die verbliebenen Ritter des kaiserlichen Krönungsgeleitzuges (ursprünglich zählte er 4000 böhmische Reiter, der größte Teil war jedoch schon entlassen worden) die Rebellen. Hundertfünfzig kaiserliche Ritter fielen, die Führer der Aufständischen wurden enthauptet.

Über Versuche, Karl zu vergiften, werden wir später sprechen.

Leiden des Landesvaters. Wir, Karl der Vierte, römischer Kaiser, Mehrer des Reichs, König von Böhmen, Deutschland, der Lombardei, Arelat, Kurfürst von Brandenburg, Markgraf von Mähren et cetera, et cetera.

So ungefähr begannen die mit dem kaiserlichen Siegel versehenen Urkunden aus den letzten Lebensjahren Karls. Vielleicht lautete die Formel anders, aber das ist nicht wesentlich. Wir wollten lediglich andeuten, wie groß Karls Macht war, welch ausgedehntes Reich er beherrschte. Selbstverständlich nicht allein, sondern mit Hilfe von Ratgebern, Bevollmächtigten und hohen Verwaltungsbeamten. Bei ihrer Wahl hatte er durchweg eine glückliche Hand. Sogar Francesco Petrarca, der humanistische italienische Dichter und Bewunderer Karls, meinte anerkennend, daß sich der Kaiser mit Männern von so glänzendem Geist umgebe, deren Heimat das antike Athen hätte sein können. Bei Abwesenheit oder Krankheit des Kaisers verwalteten sie die ihnen anvertrauten Gebiete praktisch allein.

Ja, bei Krankheit.

Denn auch den böhmischen König und römischen Kaiser plagten Krankheiten und Schmerzen, Kummer und familiäre Sorgen.

Die erste große Enttäuschung erlebte er in seiner Jugend, noch als Markgraf von Mähren, wenige Monate nachdem er aus Frankreich nach Prag zurückgekehrt war. Mit Enthusiasmus, wie er jedem jungen Menschen eignet, machte er sich an ein nicht leichtes Werk: das zurückzugewinnen, was sein abenteuerlustiger Vater leichtsinnig vertan hatte – das Vertrauen in den Thron und die verpfändeten Krongüter. Karl wollte in den höchsten Ämtern und in der Verwaltung des ganzen Landes Ordnung schaffen. Seine Bemühungen trugen Früchte und wurden gutwillig unterstützt, aber nur so lange, bis er einigen böhmischen Herren, welche die häufige Abwesenheit des Königs zur eigenen Bereicherung genutzt hatten, auf die Finger schaute. Sie verleumdeten den jungen Markgrafen bei seinem Vater, er wolle sich des Throns bemächtigen. König Johann glaubte ihnen und entband seinen Sohn von der Landesverwaltung. So ging Karl mit dem Gefühl, ihm sei Unrecht geschehen, zu seinem Bruder nach Tirol. Nach Böhmen kehrte er erst 1338 zurück, als er mit eigenen Mitteln von seinem Vater die Verwaltung der böhmischen Länder pachtete – König Johann versuchte zu der Zeit gerade, in Litauen Heiden zum christlichen Glauben zu bekehren.

Karl IV. ist dreimal verwitwet. Über die Todesursachen seiner drei ersten Gemahlinnen Blanka von Valois (†1348), Anna von der Pfalz (†1353) und Anna von Schweidnitz (†1362) besitzen wir keine ausreichenden Angaben, um auch nur den Versuch einer Diagnose zu wagen. Es kann sich um gewöhnliche Erkrankungen gehandelt haben, die beim damaligen niedrigen Niveau der Medizin zum Tode führten. Ihren Gemahl überlebte Elisabeth von Pommern, die eine Frau von unverwüstlicher Gesundheit und männlicher Kraft gewesen sein soll. Als Witwe lebte sie auf ihrem Lehen Königgrätz (Hradec Králové).

Böhmischer König wurde Karl 1346, mit dreißig Jahren, deutscher König 1349, Kaiser 1355. Als kluger und besonnener Herrscher prägte er nicht nur die tschechische, sondern auch die deutsche und italienische Geschichte seiner Zeit. Deshalb besitzen wir über sein Leben Nachrichten aus tschechischen und anderen Chroniken. Auch in jüngerer Zeit, im neunzehnten und zwanzigsten Jahrhundert, wurden viele Werke über ihn geschrieben, von Josef Šusta, Josef Klik, Jiří Spěváček, Konstantin v. Höfler, Emil Werunsky, Gerald Groweland Walsh u. a.

Viele Historiker stimmen darin überein, daß im Leben Karls IV. an einem bestimmten Zeitpunkt eine deutliche Wende eintrat, sie konstatieren einen wesentlichen Unterschied im Verhalten des jungen Prinzen und des Kaisers der reifen Jahre. Dabei handelt es sich nicht um den üblichen Unterschied von Jugend und Alter, den es im Leben jedes Menschen gibt, sofern er das Alter erlebt. Es ist eine viel tiefer greifende Veränderung in seiner gesamten Persönlichkeit – ein Pol ist das fröhliche Temperament des jungen Prinzen, der Gegenpol die schon erwähnte Bigotterie und der trübselige Ernst des alternden Kaisers.

Nach Josef Šusta, einem der besten Biographen Karls, liegt der Bruch im Jahre 1350. Alles weist darauf hin, daß die Veränderung mit einem Ereignis zusammenhängt, das nicht nur in Prag, sondern in ganz Europa große Beachtung fand: mit einer ernsten Erkrankung des Königs. Über die Art der Krankheit äußern sich die zeitgenössischen Chronisten leider unterschiedlich. Historiker der jüngeren Zeit (mit Ausnahme von Josef Šusta) befassen sich kaum damit. Machen wir trotzdem eine

Visite am Krankenbett des Königs. Gleichzeitig wollen wir versuchen, eine Diagnose zu stellen, was bisher nicht geschehen ist. Anstelle einer Anamnese und eines Untersuchungsbefunds besitzen wir allerdings nur spärliche Angaben von Zeitgenossen und Patienten. Zur leichteren Orientierung fassen wir noch einmal die Fakten zusammen.

Karl IV. erkrankte plötzlich im Oktober 1350. Er war vierunddreißig Jahre alt. Der König blieb fast ein halbes Jahr lang in Prag. Im Januar 1351 unternahm er zwar zwei kürzere Reisen, einen geplanten Aufenthalt in Süddeutschland mußte er jedoch absagen. Mit Beschwerden begab er sich im April 1351 nach Budweis (České Budějovice), um mit dem österreichischen Herzog Albrecht zu verhandeln. Die Krankheit des Königs erweckte Besorgnis, sowohl am päpstlichen Hof in Avignon wie in Deutschland, wo im Februar 1351 der Mainzer Erzbischof Gerlach und der rheinische Pfalzgraf Rudolf über Maßnahmen im Falle von Karls Tod berieten. Darüber hatten die schwäbischen Städte sogar schon im November 1350 beraten. Karl selbst war sich der Ernsthaftigkeit seiner Krankheit bewußt: Er schrieb an seinen Großonkel, den Trierer Erzbischof Balduin, und betraute ihn mit einigen Reichsangelegenheiten.

Worin bestand diese ernste und lebensbedrohende Erkrankung? Es war eine Lähmung aller vier Gliedmaßen, wie wir aus der zeitgenössischen Chronik Heinrichs Taube von Selbach wissen. Ein anderer Chronist, Matthias Neuenburg, bezeichnet die Krankheit als andauernde und besonders schwere Kraftlosigkeit, und beide wundern sich, daß Karl später genas. Die Krankheit dauerte zehn Monate, im August 1351 war Karl offenbar wieder gesund.

Es handelte sich also um eine Tetraparese oder Tetraplegie, eine Lähmung aller vier Gliedmaßen, die anfangs einen bedrohlichen Verlauf nahm, jedoch nach einem knappen Jahr verschwand. Ätiologisch (die Ursachen der Krankheit betreffend) meinten die zeitgenössischen Chronisten im Geiste der damaligen Vorstellungen durchweg, es sei eine Vergiftung gewesen. Matthias Neuenburg bezichtigte den böhmischen Adel des versuchten Giftmords, weil Karl die verpfändeten Krongüter eingezogen hatte. Matteo Vilani wunderte sich, daß niemand bestraft wurde, und

Birckhart Sc: Pragæ.
CAROLUS
Nominis hujus IV Romanorum Imperator
Bohemorum Rex IX. Patriæ Pater.

Karl IV.

glaubte deshalb, die Königin (Anna von der Pfalz) wäre die Schuldige: Um sich die Zuneigung ihres Gemahls zu bewahren, hätte sie ihm einen Liebestrank gegeben, von dem Karl schwer erkrankt wäre. Der Historiker Werunsky schreibt hingegen, in Süddeutschland habe man Karls Bruder Johann Heinrich für den Anstifter eines Giftmords gehalten.

Eine solche Erklärung entsprach ganz dem Geiste einer Zeit, in der Giftmord eines der beliebtesten Mittel war, um sich eines Gegners zu entledigen. Außerdem war Karl neunzehn Jahre zuvor in Pavia tatsächlich beinahe vergiftet worden. In seiner Autobiographie berichtet er: »Am Ostertag aber, also am dritten Tag nach meiner Ankunft, wurde mein Gefolge vergiftet, und ich selbst entkam nur durch den Schutz der göttlichen Gnade. Die hohe Messe nämlich zog sich etwas länger hin, und da ich in derselben kommunizierte, so wollte ich vor der Messe nicht essen. Als ich dann zum Mahle ging, wurde mir gesagt, daß mein Gefolge plötzlich erkrankt sei, und zwar diejenigen aus demselben, welche vor der Messe gegessen hatten. Während ich daher an der Tafel saß, wollte ich nicht essen; wir alle waren bestürzt. Und so aufblickend, sah ich einen hübschen und gewandten jungen Menschen, den ich nicht kannte, vor der Tafel auf und ab gehen, der tat, als ob er stumm wäre. Ich faßte Verdacht und ließ ihn festnehmen. Nach vielem Foltern begann er am dritten Tage zu reden und gestand ein, daß er auf Befehl und Anstiften Azzo Viscontis von Mailand in der Küche den Speisen Gift beigemischt habe.«

In jüngerer Zeit halten Historiker eine Vergiftung als Ursache von Karls Krankheit für sehr fraglich. Man muß ihnen nicht nur deshalb beipflichten, weil es keinen Grund gab, gegen einen so beliebten Herrscher in Böhmen eine Verschwörung anzuzetteln, sondern besonders deshalb, weil die Art der Erkrankung gegen eine Vergiftung spricht. Welches Gift hätte im vierzehnten Jahrhundert eine Tetraplegie verursachen können, die sich zehn Monate hinzieht und dann mit der völligen Genesung endet?

Deshalb denkt Šusta an polyartikuläre Gicht, bei der mehrere Gelenke gleichzeitig entzündet sind.

Dieser Gedanke erscheint insofern akzeptabel, als Karl IV. tatsächlich an Gicht litt. Die Grandes Chroniques de France, die um das Jahr 1380 verfaßt wurden, berichten von einem offiziellen Besuch Karls in Frankreich im Januar 1378. Das Ereignis wird in Form einer Reportage beschrieben, und offenbar ziemlich genau. Als Verfasser wird Pierre d'Agremont genannt, der Kanzler des französischen Königs Karl V. Wir erfahren, daß Kaiser Karl IV., damals zweiundsechzigjährig (und nur wenige Monate vor seinem Tode), zuweilen vor Schmerzen nicht laufen konnte und auf einer Bahre getragen werden mußte. In den Louvre trug man ihn in einem Lehnstuhl. Manchmal jedoch, wenn die Schmerzen nachließen, konnte er recht gut laufen. Daß Gicht die Ursache dieser Beschwerden war, ist wahrscheinlich wegen des intermittierenden Charakters dieses Leidens (Krankheitsverlauf mit Unterbrechungen). Auch Palacký schreibt, daß Karl IV. »von Podagra gepeinigt wurde«. Bestätigt wird diese Annahme durch den Befund des Anthropologen Jindřich Matiegka, der 1928 das Skelett des Kaisers untersuchte, nachdem die Gruft geöffnet worden war. Er fand an der Wirbelsäule und an den langen Extremitätenknochen zweifelsfreie Beweise für Gicht.

Versuch einer Diagnose. Ist damit jedoch der Beweis erbracht, daß die Erkrankung im Jahre 1350 eine polyartikuläre Gicht war? Dafür spricht allein die typische Nackenkrümmung, die seit dieser Zeit bei Karl IV. zu bemerken war. Sie wird von Zeitgenossen beschrieben und ist auch auf einem Gemälde in der Kapelle der hl. Katharina auf Karlstein zu sehen. Matteo Vilani, der Karl IV. fünf Jahre nach der Krankheit sah, behauptet, der Kaiser laufe nach vorn gebeugt. Diese Krümmung kann sich jedoch auch allmählich entwikkelt haben.

Gicht, sei es ein einmaliger Anfall oder ein chronischer Zustand, äußert sich niemals als Tetraplegie, als Lähmung aller vier Gliedmaßen. Unter allen Formen der Gicht, die František Lenoch beschreibt, findet sich keine mit einer völligen Lähmung. Außerdem verursacht keine Knochen- oder Gelenkerkrankung eine Lähmung, die später völlig verschwindet.

Das plötzliche Auftreten und das allmähliche Verschwinden der Lähmung zeugt hingegen deutlich von einer neurogenen Affektion (vom Nervensystem ausgehenden Erkrankung). Eine Lähmung der Gliedmaßen kann durch eine Schädigung der peripheren Nerven (die vom Rückenmark ausgehen) oder des Gehirns, des Hirnstamms beziehungsweise der oberen Teile des Rückenmarks verursacht werden. Dabei entsteht im ersten Falle eine schlaffe Lähmung mit schlaffer Muskelspannung, im zweiten eine spastische Lähmung mit erhöhter Muskelspannung. Die spastische Lähmung aller vier Gliedmaßen infolge einer Hirnschädigung ist jedoch mit einer so schweren Erkrankung des zentralen Nervensystems verbunden, daß eine Heilung wie bei Karl IV. ohne moderne Behandlungsmethoden nicht denkbar ist. Die einzige

Ausnahme könnte eine multiple Sklerose sein. Das ist aber eine Krankheit, die erneut auftritt. Und Karl IV. lebte noch achtundzwanzig Jahre, ohne daß sich charakteristische Symptome zeigten; die Chronisten hätten bestimmt darüber berichtet.

Ebenso führt eine Schädigung des Rückenmarks zu verschiedenartigen Lähmungen. Im Bereich der Halswirbelsäule kann der Druck einer Geschwulst oder einer Bandscheibe zu spastischen Lähmungen der Arme und Beine führen, eine Schädigung in den unteren Bereichen der Halswirbelsäule kann eine schlaffe Lähmung der oberen und eine spastische Lähmung der unteren Gliedmaßen verursachen. Ein solcher Fall läge jedoch nur dann vor, wenn es nicht zu einer vollständigen Genesung gekommen wäre. Auch bei einer Schädigung der Rückenmarkgefäße (bei einer Rückenmarkerweichung) ist es unmöglich, sich das völlige Verschwinden der Symptome vorzustellen.

Bei den peripheren Nerven kann jedoch – außer degenerativen Schädigungen, die außer Betracht bleiben, weil es sich dabei um eine chronische und sich langsam verschlimmernde Erkrankung handelt – vor allem eine Entzündung der Nerven und Rückenmarkwurzeln, also Polyradikuloneuritis, eine völlige und zeitweilige Lähmung bewirken. Diese Entzündung kann von verschiedenartigen Giften, bakteriellen und infektiösen, verursacht werden. Es ist eine schwache, gleichmäßige, oft völlige, aber fast immer vorübergehende Lähmung. Diese Diagnose erklärt am besten das Krankheitsbild, das von Chronisten beschrieben wird.

Polyradikuloneuritis ist zwar eine grundsätzlich benigne (gutartige) Krankheit, sie kann aber auch lebensgefährlich sein, wenn durch eine plötzliche Lähmung die Atemmuskeln betroffen sind. In jedem Falle ist es eine Erkrankung, die Monate dauern kann. Diese Krankheit konnte die Lähmung aller vier Gliedmaßen verursachen, eine symmetrische Lähmung mit anfänglich schwerem Verlauf und schließlich völliger Genesung, oder fast völliger, weil nicht auszuschließen ist, daß die Halskrümmung eine residuale Parese (zurückbleibende unvollständige Lähmung) der Halsmuskulatur war. Auch wenn wir keinen positiven Nachweis dafür besitzen und besitzen können, daß Karl IV. im Jahre 1350 an Polyradikuloneuritis erkrankte, erklärt keine andere Diagnose so treffend die Symptome und die Genesung.

Was ergab die Exhumierung? Im Jahre 1978 wurden die sterblichen Überreste Karls IV. exhumiert und erneut untersucht, der Kommission unter Dr. med. Emanuel Vlček vom Nationalmuseum gehörte auch der Verfasser dieser Zeilen an. Auf der linken Seite der Halswirbelsäule sah man zweifelsfrei den Abdruck eines Hämatoms (Blutergusses), das sich äußerlich etwa in der Höhe des dritten bis fünften Halswirbels befunden hatte. Dieses Hämatom konnte durch Gefäßveränderungen und direkten Druck eine Lähmung hervorrufen, brauchte jedoch nicht unbedingt etwas zu bewirken.

In diesem Zusammenhang tauchten Vermutungen über Karls Abenteuer auf, mit denen sich die offizielle Geschichtsschreibung kaum befaßt hat. Vielleicht hat er unter fremdem Wappen an Turnieren teilgenommen, als er schon böhmischer und deutscher König war. Auch der bereits angeführte päpstliche Tadel wegen der Kleidung des jungen Karl wird manchmal als Beweis für seinen Leichtsinn und seine Abenteuerlust angeführt. Die Verletzung am Hals konnte er sich bei einem Sturz vom Pferd zugezogen haben, noch eher dürfte sie von einem Lanzenstoß stammen.

Es ist jedoch unwahrscheinlich, daß jemand im vierzehnten Jahrhundert eine Rückenmarkverletzung im Halsbereich überlebt hätte, ja sogar davon genesen wäre. Eine Wirbelsäulenverletzung konnte ohne Folgen bleiben oder eine kurzfristige Lähmung hervorrufen, aber bei einer Lähmung, die über ein halbes Jahr dauerte und dann von allein zurückging, ist es undenkbar, daß sie von einer Rückenmarkverletzung herrührt, besonders im Halsbereich. Die Verletzung der Halswirbelsäule konnte allerdings einen sogenannten locus minimae resistentiae (Ort der geringsten Widerstandskraft) entstehen lassen, wo dann die entzündliche Erkrankung der Rückenmarkwurzeln begann. Diese Vermutung wird auch dadurch bestärkt, daß Karl IV. im Jahre 1371 erneut eine schwere, vier Monate dauernde Krankheit durchmachte, über die lediglich berichtet wird, die Ärzte hätten ähnlich wie vor einundzwanzig Jahren an seiner Genesung gezweifelt. Polyradikuloneuritis, die Entzündung der Nerven und Rückenmarkwurzeln, kehrt manchmal in Abständen wieder. Handelte es sich wieder um diese Krankheit?

Eine Kompression durch einen Rückenmarktumor oder eine Bandscheibe hätte sich nicht so gebessert wie bei der ersten Erkrankung, sie wäre bestimmt im Verlaufe der weiteren achtundzwanzig Lebensjahre wieder aufgetreten. Infektiöse beziehungsweise toxische Ursachen einer entzündlichen Erkrankung der

Nerven und Rückenmarkwurzeln gab es sicherlich schon im vierzehnten Jahrhundert. Wenn Berichte über ähnliche Krankheitsfälle fehlen, läßt sich das damit begründen, daß diese Krankheit selten war; auch heute tritt sie nicht sehr häufig auf. Beim Niveau der mittelalterlichen Medizin erfahren wir davon nur in den seltenen Fällen, wenn ein gekröntes Haupt betroffen war.

Karl IV. starb im November 1378 an »sprunghaftem Fieber«, höchstwahrscheinlich an Bronchopneumonie (lobuläre, d. h. nur einzelne Lungenläppchen erfassende Entzündung). Wie sich 1978 bei der Exhumierung zeigte, war ein Oberschenkelhalsbruch die Ursache dafür.

Wie dem auch sei, der »Fall Karl IV.« ist einer der ersten, wenn nicht überhaupt der erste, bei dem begründeter Verdacht auf Polyradikuloneuritis vorliegt, soweit wir das feststellen konnten.

Und das ist auch der Schlußpunkt hinter unserem Beitrag zur Krankengeschichte des größten böhmischen Königs. Auch wenn wir uns mit der »unköniglichen« Seite seines Lebens befassen mußten, dürfte uns der Leser zustimmen, daß das keineswegs die hervorragende Rolle herabsetzt, die Karl IV. in der tschechischen Geschichte spielte.

Wenzel IV.

Als kleines Kind war er König geworden; als Kind regierte er auch im höheren Alter, wohlmeinend und rechtliebend, solange keine unzähmbare Leidenschaft ihn irreleitete, aber unmännlich, launisch und eigensinnig wie alle Schwächlinge, die für stark gehalten werden wollen.

František Palacký
Geschichte von Böhmen

Das Sprichwort vom Apfel, der nicht weit vom Stamm fällt, wurde bei Wenzel IV. nicht bestätigt. Es war ein Apfel, der von Karls Stamm ziemlich weit wegrollte. Aber seien wir gerecht, Sohn eines großen Vaters zu sein ist niemals leicht. Von einem solchen Sohn wird stets erwartet, daß er die väterliche Größe nicht nur besitzt, sondern übertrifft.

Wenzel erbte von seinem Vater nicht Ausdauer, Bedachtsamkeit und diplomatisches Talent. Er wurde einfach nicht unter einem so glücklichen Stern geboren wie Karl IV. Trotzdem ist das Bild, das uns gemeinhin überliefert wird, in vielem verzeichnet. Es wirkt verzerrt und zuweilen auch geschwärzt durch den dramatischen Hintergrund einer Zeit voller Widersprüche und Umwälzungen, die zumal die zweite Hälfte von Wenzels einundvierzigjähriger Herrschaft kennzeichneten. Man muß auch fragen, wie ein anderer die Probleme bewältigt hätte, sein berühmter Vater nicht ausgenommen.

Auf die Schwierigkeit einer gerechten Charakterisierung dieses böhmischen Königs und römisch-deutschen Kaisers weist Palacký hin, wenn er schreibt:

»Von dem Charakter und der ganzen Persönlichkeit König Wenzels IV. hat uns leider kein Zeitgenosse ein vollständiges, naturgetreues Bild hinterlassen; nur einzelne Züge und zufällige, meist in Leidenschaft gefällte Urteile und Äußerungen sind uns von denjenigen überliefert worden, welche mit ihm persönlich zu tun hatten, daher auch aus eigener Anschauung und Erfahrung zu berichten imstande waren. Dieselben Leidenschaften aber, welche während seiner einundvierzigjährigen Regierung jene großen Parteiungen schufen, in welche die abendländische Christenheit auch jetzt noch gespalten ist, haben auch die widersprechendsten Urteile über K. Wenzels IV. Charakter und Benehmen, so auch bei der Nachwelt hervorgerufen; daher geschah es, daß, während einerseits die Mehrzahl der Schriftsteller ihn als einen gemeinen Trunkenbold und sinnlosen Wüterich schilderte, es andererseits auch nicht an Stimmen fehlte, die ihn für einen einsichtsvollen und wohlwollenden Märtyrer ausgaben, der nur dem Hasse böser Menschen erlegen sei.«

Zwei Päpste und drei Stimmen. Die Herrschaftszeit Wenzels IV. (1378–1419) war keine ruhige Zeit. Als der kaum Achtzehnjährige den böhmischen Thron bestieg, befand sich der böhmische Staat in vieler Hinsicht in einem ausgezeichneten Zustand. Seine Ausdehnung hatte sich dank Karl IV. fast verdoppelt, der böhmische war gleichzeitig der römische König (Kaiser wurde er erst nach der Krönung in Rom), und auch das internationale Prestige des Königreichs Böhmen war durch die Heiratsdiplomatie Karls IV. gestiegen: Wenzels jüngerer Bruder Sigmund hatte die ungarische Krone erheiratet, seine Schwester Anna war mit dem englischen König Richard II. vermählt. Der junge böhmische König Wenzel IV. fand einen vorzüglichen Kronrat vor, mit Fürst Přemyslav Těšínský an der Spitze und mit vielen erfahrenen Landes- und Reichsbeamten, von denen wir wenigstens Jan von Středa nennen wollen.

Andererseits gab es von Anfang an auch ungünstige Umstände. Vor allem das Schisma, das schon Wenzels Vater die letzten Tage vergällt hatte. Zwei Päpste – einer in Rom und einer in Avignon – beanspruchten den Stuhl Petri, und beinahe innerhalb der gesamten Kirche schritt der tiefe moralische Verfall fort.

Wenzel IV. stellte sich anfangs hinter den römischen Papst, was zum Zerwürfnis mit Frankreich führte, das verständlicherweise den Avignoner Papst unterstützte. Es folgten häufige Kriege und bewaffnete Auseinandersetzungen innerhalb des Heiligen Römischen Reiches, in die Wenzel ständig hineingezogen wurde. Zu alledem weigerte sich der römische Papst, Wenzels Anspruch auf den römischen Thron zu bestätigen. Wenzel IV. forderte deshalb – und nicht nur er –, das Schisma zu beseitigen: Beide Päpste sollten zurücktreten, damit ein neuer Papst gewählt werden konnte. Dagegen wehrte sich jedoch die Prager Universität beziehungsweise ihre deutsche Mehrheit, die weiterhin den römischen Papst anerkannte. Das hatte zur Folge, daß Wenzel im Januar 1409 das sogenannte Kuttenberger Dekret erließ, wonach an der Karlsuniversität die bisherigen drei ausländischen Stimmen der tschechischen Nation gegeben wurden. Wenzel vollendete de facto das Werk seines großen Vaters. Bei der Gründung der Universität bestand der akademische Rat aus Vertretern von vier Völkern, dem bayrischen, sächsischen, polnischen und tschechischen, also zwei slawischen und zwei deutschen. Durch die fortschreitende Germanisierung Schlesiens wurde die polnische eine dritte deutsche Stimme, und das tschechische Volk befand sich an seiner eigenen Universität in der Minderheit.

Auch wenn das Motiv für Wenzels Entscheidung nicht tschechischer Patriotismus war, wie man manchmal zur Zeit der Romantik und der nationalen Wiedergeburt schrieb, kann man das Kuttenberger Dekret zweifellos als die größte Tat dieses Königs betrachten. Wer den Text des Dekrets auch verfaßt haben mag, Wenzel hat es unterschrieben. Und dieser Text enthält mehrere Abschnitte, deren Gültigkeit in unserer Geschichte nicht nur einmal bestätigt wurde. Zum Beispiel:

»Weil also das deutsche Volk kein Bürgerrecht im Königreich Böhmen hat und sich in verschiedenen Angelegenheiten des Prager Universitätsrates ... drei Stimmen aneignete, während das tschechische Volk, als der wahre Erbe des Königreichs, nur eine einzige Stimme besitzt ... befehlen wir mit diesem unserem Dekret in aller Strenge, daß ... das tschechische Volk in allen Räten, Gerichten, Prüfungen, Wahlen und jeglichen Verhandlungen und Verfahren ... drei Stimmen erhält und daß ihm von nun an für immer die Privilegien dieser Stimmen belassen werden ...«

Mit diesem Dekret machte sich Wenzel IV. gleichzeitig indirekt um die Tschechisierung des damaligen Prag verdient, weil den Professoren und Scholaren, die nun nach Leipzig und Krakau zogen, auch viele deutsche Kaufleute, Handwerker und Beamte folgten, für die natürlich die drei Stimmen von Vorteil gewesen waren ...

Im Unterschied zu seinem Vater, der im besten Einvernehmen mit der Kirche beziehungsweise dem hohen Klerus stand und seine Macht de facto auf die Kirche stützte, lag Wenzel mit dem hohen Klerus schon seit Beginn seiner Herrschaft im Streit. Es wäre eine grobe Vereinfachung, wollte man behaupten,

Wenzel IV.

daß die Ursachen rein wirtschaftlicher Natur waren. Die Streitigkeiten gipfelten in dem heftigen Zusammenstoß des Königs mit dem Prager Erzbischof und mächtigen Feudalherrn Johann von Jenzenstein, als Wenzel das Bistum Pilsen mit den Besitzungen des Klosters Kladrau (Kladruby) ausstatten wollte. Der Erzbischof vereitelte diese Absicht und mußte vor dem königlichen Zorn aus Prag flüchten.

Deshalb verwundert es nicht, wenn der böhmische König Wenzel IV. zu seiner Zeit von der Kirche durchweg negativ gesehen wird: Vergessen wir nicht, daß während seiner Herrschaft schon die beiden größten Persönlichkeiten der hussitischen Revolution, Jan Hus und Jan Žižka, die Bühne betraten. Für die römische Kirche war Wenzel zumindest ein halber Ketzer …

ANFANGS IST NUR LOB ZU HÖREN … Wir sagten schon, daß Wenzel IV. eine Reihe guter Eigenschaften seines großen Vaters nicht geerbt hatte. Er besaß jedoch eine Gabe, in der er Karl IV. in gewisser Hinsicht übertraf, die Menschenkenntnis. Schon als junger König umgab er sich mit sogenannten Günstlingen, Beratern aus dem niederen Adel. Und er scheint sie gut ausgewählt zu haben, es handelte sich durchweg um fähige, treue und ergebene Männer. Wenzel betraute sie mit hohen Ämtern (gegen Ende seines Lebens berief er auch Jan Žižka aus Trocnov an seinen Hof), was selbstverständlich den hohen Adel erboste, an dessen Spitze die Rosenbergs standen. Bei den Ränken gegen Wenzel blieb nicht einmal der Erzbischof im Hintergrund. Es ging so weit, daß der König auf der Prager Burg und später in Wien gefangengehalten wurde, und man versuchte auch, ihn zu vergiften. Mit dem hohen Adel war stets Wenzels Bruder Sigmund im Bunde, unterstützt von den meisten übrigen Verwandten.

Um zur Einschätzung Wenzels durch František Palacký zurückzukommen: Die kirchlichen Kreise, aus denen die historischen Quellen stammen, verziehen Wenzel niemals, was er dem Erzbischof Johann von Jenzenstein und dem Generalvikar Johann von Nepomuk angetan hatte, und indirekt warfen sie ihm auch Jan Hus und Jan Žižka vor; die Deutschen vergaßen ihm nie das Kuttenberger Dekret; und der hohe Adel fühlte sich gegenüber dem niederen Adel und der Ritterschaft zurückgesetzt. Die negative Bewertung Wenzels beeinflußte leider auch die tschechische Geschichtsschreibung …

Uns geht es jedoch um die Person Wenzels IV. aus medizinischer Sicht – Wenzels Krankheit beziehungsweise die fortschreitende Verschlimmerung seines nervlichen und psychischen Zustands und seine Taten als Mensch und Herrscher sind selbstverständlich im Zusammenhang zu sehen.

Zu Beginn seiner Herrschaft können wir über Wenzel nur eitel Lob lesen. In der Chronik des Brabanter Diplomaten Edmund de Dynter, der Wenzel persönlich kannte (die Chronik wurde in den Jahren 1445–1447 verfaßt), heißt es, daß er »ein nicht nur angenehm redender, sondern auch gebildeter Herrscher war«. Er beherrschte das Tschechische und das Deutsche, in seiner Bibliothek befanden sich neben religiösen Schriften die Werke deutscher Minnesänger. Unter Wenzels Herrschaft kam es zu einem großen kulturellen Umbruch, die tschechischen Schriftsteller schrieben nicht mehr ausschließlich lateinisch, sondern gebrauchten immer mehr ein für ihre Zeit schönes, kraftvolles Tschechisch, wie Tomáš ze Štítného, Smil Flaška z Pardubic und vor allem Meister Jan Hus. Er schuf unter anderem die sogenannte diakritische Rechtschreibung, die das bisherige umständliche System ersetzte, das zum Beispiel bis heute im Polnischen gilt. Anstelle von sz schrieb man nun š, anstelle von ie – ě.

Anfangs sorgte der junge König sehr gut für Recht und Sicherheit. Ein Chronist berichtet: »Wer damals mit einem Goldsacke auf dem Kopfe von einem Ende des Landes zum anderen gewandert wäre, der hätte nicht zu fürchten gehabt, daß ihm etwas zu Leide geschehe.« Das ließ sich damals von kaum einem europäischen Lande sagen. Daß Wenzel verkleidet durch Prag ging, um festzustellen, ob Bäcker und Fleischer die Kunden betrügen, wurde zur Legende. Er schützte die Bürger vor der Willkür des Adels, bewahrte auch die jüdischen Händler vor Verfolgungen.

Aber bald änderte sich alles. »Später«, schreibt F. M. Bartoš, »blieb es bei Anläufen und bei gutem Willen. Das war dort zu wenig, wo immer dringender ein Mann von der Größe und Energie des verstorbenen Kaisers vonnöten gewesen wäre.« Und weiter: »Morgens sagte er ja, abends sagte er nein.« So verhielt er sich nach seiner ersten Gefangennahme, nach seiner Absetzung vom Kaiserthron (den Sigmund einnahm) und zu einer Zeit, als sein Vetter Jobst überall verkündete, daß es auch in Böhmen bald einen neuen König geben werde. Wenzel wurde immer gleichgültiger, ihn kümmerte nicht, daß Prediger in Polen, Deutschland und Italien von Böhmen als Ketzerland sprachen, er protestierte nicht energisch gegen die Gefangennahme von Hus in Konstanz (auch wenn das vor allem eine Angelegenheit Sigmunds war, der Hus als Kaiser einen Geleitbrief ausgestellt hatte), traf keine Vorkehrungen, um angesichts der Pläne zu einem Kreuzzug gegen die »ketzerischen« Tschechen gewappnet zu sein. In den letzten Herrschaftsjahren bekundete Wenzel IV. völlige Gleichgültigkeit gegenüber Dingen, die ihn unbedingt hätten interessieren müssen.

Ein deutlicher Charakterzug Wenzels war Jähzorn. Zuerst äußerte er sich im Streit mit dem Erzbischof Johann von Jenzenstein und dessen Anhängern, den Gipfelpunkt bildete die Ermordung Johanns von Nepomuk. Wenzels Aggressivität kannte nach einigen zeitgenössischen Zeugnissen bei Wutanfällen keine Grenzen, und das besonders dann, wenn er merkte, daß fast jede seiner Bemühungen als Mißerfolg endete. Zum Beweis seiner angeblichen Grausamkeit wird angeführt (es ist schwer zu sagen, ob es sich dabei lediglich um eine Legende handelt), daß jemand, offenbar aus den Kreisen des hohen Klerus, an eine Wand geschrieben hatte: Venceslaus, alter Nero (Wenzel, ein zweiter Nero). Wenzel soll hinzugefügt haben: Si non fui, adhuc ero (Sofern ich es nicht war, werde ich es ab heute sein).

Was bewirkte die Veränderung? Was also außer den üblichen Herrschersorgen und Mißerfolgen war schuld daran, daß sich Wenzel dermaßen veränderte, daß er sich nicht zu beherrschen wußte, daß er nicht nur jähzornig, sondern später auch apathisch war? Wir können es zwar kaum als objektives Urteil betrachten, wenn geschrieben wurde, aus dem vielversprechenden Herrscher sei ein vorsätzlich grausamer

Despot geworden, »ein Zerstörer des Vertrauens, der sich mit Dämonen beriet« (so ein unbekannter Geistlicher vom Veitsdom), oder »ein wilder Mann von schrecklichem Aussehen« (so der Regensburger Augustiner Andreas). Es gibt jedoch auch viele sichere Beweise, zum Beispiel bezeichneten ihn die Kurfürsten 1400 in Oberlahnstein als »unnützen und faulen und für das römische Reich einfach ungeeigneten« Herrscher. Ob die Herren Kurfürsten mit Sigmund besser fuhren, steht auf einem anderen Blatt.

Die Bildung der Persönlichkeit beginnt in der Kindheit. Als Anna von Schweidnitz am 26. Februar 1361 in Nürnberg ihrem Gemahl Karl IV. den ersehnten Erben gebar, war der Vater verständlicherweise maßlos glücklich. Er ließ Gefangene frei und schickte nach Aachen, wo er gekrönt worden war, so viel Gold, wie das Neugeborene wog. Schon als zweijähriges Kind wurde Wenzel zum böhmischen König gekrönt (angeblich gegen den Willen des Erzbischofs Arnest von Pardubice), und der Vater verwöhnte ihn unvernünftigerweise auch weiterhin – mit fünfzehn Jahren wurde Wenzel römischer König. Andererseits mußte er mütterliche Fürsorge entbehren, denn seine Mutter starb, als er zwei Jahre alt war.

Nach dem Tode seines Vaters war Wenzel in der Familie der Luxemburger völlig vereinsamt. Sein Halbbruder Sigmund verhielt sich ihm gegenüber immer feindselig. Und bis auf Ausnahmen auch alle anderen Verwandten.

In Wenzels Leben gab es einen wichtigen Faktor – den Alkohol. Anfangs trank Wenzel bei geselligen Anlässen. Nach Äneas Sylvius Piccolomini soll er einmal erklärt haben, wenn er in Italien kämpfte, würde er als Beute nur Wein nehmen.

Wenzel IV.

Auch seine Wutanfälle hingen mit dem Alkoholgenuß zusammen. In der Chronik Edmund de Dynters, der, wie schon erwähnt, Wenzel persönlich kannte und besonders seine Bildung pries, können wir auch lesen: »Hatte er übermäßig getrunken, wurde er wütend, und dann war er sehr verworfen und gefährlich.«

Es ist schwer zu sagen, was der Brabanter Chronist mit Verworfenheit meinte. Aber wir müssen fragen: Waren das nur Äußerungen unbeherrschten Zorns oder schon pathologische Wutanfälle, wie wir sie bei chronischem Alkoholismus kennen: Fehlende Hemmungen und ein momentaner Affekt sind nach Bleuler die häufigsten Symptome.

Verbürgt ist auch, daß Wenzel immer mehr trank. Nach zeitgenössischen Quellen stieg sein Durst, den er mit Wein löschte, besonders nach zwei Giftmordversuchen. Seit der Zeit klagte er über Brennen in der Kehle.

Ins Reich der Legende gehören Berichte, daß Wenzel mit Vorliebe bissige Hunde auf Menschen gehetzt oder daß sein Henker die Namen der Opfer königlichen Zorns auf die Haut geschrieben habe. Das behauptet zum Beispiel der schon genannte Regensburger Augustiner. Wir wiederholen nochmals: Die Chronisten, vorwiegend Geistliche, waren Wenzel wegen dessen Haltung gegenüber dem hohen Klerus in keiner Weise wohlgesinnt. Das ändert jedoch nichts an der Tatsache, daß Wenzels Wutanfälle pathologischen Charakter hatten und zum Bild eines Alkoholikers passen würden.

Waren es nur Wutanfälle, oder äußerte sich schon eine organische Hirnerkrankung?

Wenzels Zeitgenosse, der Augustinerabt Ludolf

von Sagan, spart nicht mit kräftigen Ausdrücken. Nach ihm war Wenzel »kein König, sondern ein Menschenfresser im Königreich der Böhmen«. Abt Ludolf bekundete hier zweifellos seinen Haß auf einen König, der hart gegen das Domkapitel in Breslau vorgegangen war. Beachtenswert ist jedoch, daß Wenzel IV. mit seinem Zeitgenossen Karl VI., dem wahnsinnigen französischen König, verglichen wird.

Neben den Wutanfällen ist auch Wenzels Gleichgültigkeit in den späteren Jahren zu beachten. Der Historiker Machilek schreibt, daß sich Wenzel zu keiner Tat aufraffen konnte und seine Erbitterung in Wein ertränkte. Diese Unfähigkeit zum Handeln dauerte an und verstärkte sich.

Ohne den Quellen kirchlicher, deutscher und hochadliger Provenienz zu folgen, die Wenzel zumindest nicht wohlwollen, können wir aus unbestreitbaren historischen Fakten schließen, daß es sich bei der Krankheit Wenzels IV. um alkoholische Demenz handelte, die übliche Folge von chronischem Alkoholismus. Zudem besitzen wir noch einen weiteren Beweis dafür, daß übermäßiger Alkoholgenuß bei Wenzel zu einer Schädigung des Nervensystems führte.

Krankheiten und »weisse Mäuse«. Wenzel erkrankte zweimal wirklich schwer. Das erste Mal 1393 in Wien. Es war eine sehr gefährliche Erkrankung, deren Symptome wir allerdings nicht genau kennen. Der Kaiser lag »todkrank« darnieder, aber er genas. Wahrscheinlich hatte man ihn vergiften wollen. Gleichzeitig erkrankte nämlich auf dieselbe Weise der bayrische Herzog Friedrich. Dieser starb am 4. Dezember, während Wenzel noch am 7. Dezember mit dem Tode rang. Weil niemand außer Wenzel und Friedrich erkrankte, ist eine Epidemie auszuschließen.

Genauer unterrichtet sind wir über eine weitere ernste Erkrankung Wenzels IV., zu der es fünfzehn Jahre später kam, 1408 in Prag. Alle vier Gliedmaßen waren gelähmt, es handelte sich also um Tetraplegie. Ein Zeitgenosse beschrieb die Erkrankung des Königs: »Er erlahmte so, daß er weder die Beine noch die Arme bewegen konnte, man mußte ihn fahren oder tragen.« Wenzel bewegte sich demnach in einem Wägelchen oder wurde von der Dienerschaft getragen. Behandelt wurde er von seinem Leibarzt Albicus von Uničov, der darüber berichtete: »Ich, Albicus, verschrieb König Wenzel das Regime ... und das half ihm viel, so daß er bald laufen und reiten konnte.« Wir wissen allerdings nicht, wie lange (Wochen? Monate?) er dazu nicht imstande war.

Wie sah dieses »Regime« aus? Albicus schreibt, der König habe »aqua rosarum aut oleum balsami« erhalten. Vom heutigen ärztlichen Standpunkt aus können wir uns kaum die Heilwirkung von Rosenwasser und Balsamöl vorstellen (möglich wäre höchstens eine spontane Erleichterung), aber Albicus gereicht es zur Ehre, daß er Wenzel mit den damals üblichen alchimistischen Praktiken verschonte.

Bemerkenswerterweise erkrankte Wenzel 1408 auf die gleiche Weise wie sein Vater im Jahre 1350. Die Ätiologie von Wenzels Krankheit ist jedoch völlig anders. Karls Erkrankung, Polyradikuloneuritis, dauerte zehn Monate und heilte völlig. Bei der Untersuchung des Skeletts wurde festgestellt, daß Karl IV. einen Unfall erlitten hatte (im Kampf? bei einem Turnier?), der einen paravertebralen Bluterguß verursachte. Dieser konnte auf die Halswirbelsäule drücken und für das Entstehen der Tetraplegie mitverantwortlich sein. Eine solche Ätiologie kommt bei Wenzel nicht in Betracht. Im Unterschied zu seinem Vater erhielt er gar keine militärische Ausbildung, und er hat niemals selber gekämpft (nur einmal führte er ein Heer, wobei es nicht zum Kampf kam). Bei Wenzel schien die Tetraplegie, die dann zurückging, durch eine Nervenentzündung infolge Alkoholismus bedingt zu sein, vielleicht auch durch die sogenannte Korsakowsche Krankheit, bei der ein Patient die sprichwörtlichen »weißen Mäuse« sieht. Das Wort »contractus« in der Beschreibung könnte von einer spastischen, zentralen Tetraplegie zeugen, aber »contractus« bedeutet nicht nur zusammengezogen, sondern auch geschrumpft (Atrophie?), und außerdem hätte sich eine spastische (krampfartige) Tetraplegie bestimmt nicht in kurzer Zeit so gebessert, daß der Patient wieder laufen und reiten konnte, ganz gleich, welche Ursachen vorlagen. Es handelte sich also mit Bestimmtheit um eine schlaffe, periphere Tetraplegie, die am ehesten von einer alkoholischen Polyneuritis herrührte.

Das Gesicht des Königs verändert sich in späteren Jahren. Es ist eigenartig, daß aus dem hübschen Jüngling, den die Büste im Triforium des Veitsdoms zeigt, und aus dem schönen reifen Mann der Statue am Altstädter Brückenturm ein Mann von schrecklichem Aussehen oder mit einem schrecklichen Gesicht wird, wenn wir zeitgenössischen Chronisten glauben wollen. Übrigens ist auch auf dem Bild in der Bibel Martin Rotlevs, wo er mit seiner Gemahlin dargestellt ist, eine gewisse Veränderung des Gesichtsausdrucks zu erkennen. Mit dem schrecklichen Aussehen können Zeitgenossen das rote, aufgedunsene Gesicht eines Alkoholikers gemeint haben.

Zu betrachten ist noch der Tod Wenzels IV. Der historische Hintergrund ist ausreichend bekannt: Auf Drängen seines Bruders Sigmund und des Papstes schritt Wenzel endlich zu Maßnahmen gegen die Hussiten, was neue Unruhen zur Folge hatte und zum sogenannten ersten Prager Fenstersturz am 30. Juli 1419 führte. Aus dem Fenster des Neustädtischen Rathauses stürzte man die Ratsherren, die von der Galerie aus über eine Prozession mit der hussitischen Monstranz gespottet hatten.

Wenzel IV. weilte zu der Zeit auf Wenzelstein (Nový Hradek), wohin er sich immer häufiger aus dem unruhigen Prag zurückzog. Als der König vom Fenstersturz erfuhr, erregte er sich und starb. Allgemein spricht man von einem Herztod. Auf vielen Bildern wird Wenzel dargestellt, wie er sich ans Herz greift oder die Hand auf der Brust hält. Thomayer meinte, daß Wenzel IV. eindeutig an einem Herzinfarkt gestorben sei. Es gibt jedoch einen Umstand, der gegen eine solche Diagnose spricht: Zum Fenstersturz kam es am 30. Juli, und der König starb erst am 16. August. Bei den damaligen Behandlungsmöglichkeiten ist es unwahrscheinlich, daß jemand nach einem Myokardinfarkt noch fast drei Wochen lebte. Und wenn es sich um einen leichten Infarkt gehandelt hätte, wäre er genesen.

War es wirklich ein Herzinfarkt? Eine alte tschechische Chronik schildert den Tod des Königs so: »Er starb zur Vesperstunde, von einem plötzlichen Schlag

Wenzel IV. mit seiner Gemahlin Sophie

getroffen infolge echten Leids, mit großem Geschrei und brüllend wie ein Löwe ...« Fast identisch schreibt Laurentius Bytynus (Vavřinec z Březové) in seiner »Chronik der Hussitenkriege«: »Darüber (über den Fenstersturz, Anm. d. Verf.) erregte sich Wenzel ungeheuer ... Denselben Sommer am Mittwoch nach Himmelfahrt der Jungfrau Maria, der auf den 16. August fiel, ist König Wenzel zur Vesperstunde, vom Schlag getroffen, mit großem Geschrei und mit Gebrüll wie ein Löwe auf Wenzelstein nahe bei Prag verschieden.«

»Großes Geschrei« oder »Gebrüll« ist jedoch nicht typisch bei einem Herzinfarkt, sondern so beginnt ein großer epileptischer Anfall, eventuell ein sogenannter Status epilepticus, das heißt ein lebensbedrohlicher Zustand, wenn der Anfall nicht endet und mehrere Stunden dauert. Es ist allgemein bekannt, daß Alkoholiker an epileptischen Anfällen leiden können, Anfällen, die vom Alkohol provoziert werden, eine Reihe von Alkoholikern stirbt im epileptischen Status. Eine ausführliche Beschreibung von Wenzels Tod ist heute nicht möglich, aber was wir darüber wissen, läßt die Vermutung zu, daß Wenzel IV. eher im epileptischen Status als an einem Herzinfarkt starb.

Wir sagten, daß Wenzel IV. eine unvernünftige Erziehung genossen hatte. Auf deren Basis und durch den Einfluß familiärer Umstände entwickelte sich eine Frustrationsneurose, die das psychische und emotionale Gleichgewicht störte. Dazu trat bald übermäßiger Alkoholgenuß, der zu organischen Hirnveränderungen führte. Ein veränderter Gesichtsausdruck, Wutanfälle, alkoholische Polyneuritis und alkoholische Demenz sind Erscheinungen, die bei chronischem Alkoholismus üblich sind, ebenso wie epileptische Anfälle und Tod im epileptischen Status, worum es sich bei Wenzel IV. wahrscheinlich handelte …

Wie man sieht, ist es schwer, nicht nur das Leben, sondern auch den Tod des böhmischen Königs und römisch-deutschen Kaisers Wenzel IV. objektiv zu bewerten.

Deshalb zitieren wir zum Schluß wiederum Palacký, dessen Streben nach größter Objektivität niemand bezweifeln wird:

»Bekanntlich war das ganze Staats- und Kirchenleben der abendländischen Christen im Mittelalter ursprünglich auf das vorherrschende, wenngleich nicht unbeschränkte Walten des einigen römischen Kaisers und des Papstes, und auf ihr gegenseitiges Verhältnis, gegründet gewesen. Die Bestrebungen dieser zwei souveränen Gewalten, sich bald übereinander zu erheben, bald das verlorene Gleichgewicht wieder herzustellen, hatte Jahrhunderte lang, und dies nicht im sogenannten römischen Reich allein, fast den ganzen Inhalt der Geschichte gebildet; denn eine dritte Macht hatte sich außerhalb ihrer Sphäre noch nicht ausbilden, viel weniger geltend machen können. Nach dem Ableben Gregors XI. und Karls IV. aber gerieten jene beide Gewalten, durch den Zwiespalt, sowie durch die Sitten- und Haltungslosigkeit ihrer höchsten Träger und Repräsentanten, zu gleicher Zeit in einen so tiefen und lang anhaltenden Verfall, daß einem Naturgesetz gemäß ihnen gegenüber im Volke endlich eine dritte Macht entstehen konnte und mußte, welche durch ihr gewaltiges Auftreten nach und nach das ganze Staats- und Kirchenleben der Christen umgestaltete, zuerst in Böhmen, später fast in allen Ländern Europas.«

Karl VI.

»Ich muß Euch die Krönung des jungen Königs Karl schildern, die zu der Zeit in Reims stattfand. Wie Ihr Euch wohl vorzustellen vermögt, sparte der französische Adel an nichts, was Glanz und Pracht der Krönung seines Herrschers vergrößern konnte. Die Zeremonie wurde an einem Sonntag vollzogen, im Jahre des Herrn 1380, in Karls zwölftem Lebensjahr; anwesend waren fast alle mächtigen Adligen des Königreichs. Der junge König war am Samstag, dem vorangegangenen Tage, in die Stadt eingezogen, um der Vesper in der Kathedrale Notre-Dame beizuwohnen, wo er auch den größten Teil der Nacht an den Vigilien teilnahm, gemeinsam mit weiteren jungen Herren, die zum Ritter geschlagen werden wollten. Am Sonntag zu Allerheiligen war die Kathedrale reich geschmückt. Als sich dort alle versammelt hatten, zelebrierte der Reimser Erzbischof die heilige Messe. Dann gab er dem König die Salbung, mit welcher der heilige Remigius einst Chlodwig gesalbt hatte, den ersten christlichen Frankenkönig …«

Jean Froissart
Chronik des Hundertjährigen Krieges

So wird in der berühmten »Chronik des Hundertjährigen Krieges« die Krönung des französischen Königs Karls VI. beschrieben. Glanz und Pracht kennzeichneten übrigens jede Krönung. Der jugendliche Karl VI. bestieg den Thron nach seinem Vater, Karl V., dem Weisen, und niemand konnte auch nur im geringsten ahnen, daß seine Herrschaft für Frankreich eine äußerst unglückliche Zeit werden sollte. Am Ende drohte sogar die Angliederung des alten Königreichs an England.

Blicken wir aber zwei Jahre zurück, ins Jahr 1378, als der spätere Karl VI. zehn Jahre zählte und noch Dauphin, das heißt Erbe des französischen Throns war. Im Januar besuchte seinen Vater, Karl V., der römische Kaiser und böhmische König Karl IV. Beide Herrscher standen sich sehr nahe. Mit dem in Frankreich herrschenden Geschlecht der Valois war Karl IV. doppelt verwandt: Seine erste Gemahlin Blanka von Valois war eine Großtante Karls V. und seine Schwester Bona die Gemahlin Johanns II., des Guten, also die Mutter Karls V. Beide Geschlechter, die Valois und die Luxemburger, beherrschten zu der Zeit praktisch ganz Europa mit Ausnahme der Balkanhalbinsel, Englands und Rußlands.

Bei dieser Begegnung stellten beide Herrscher – gleichsam in Vorahnung ihres nahen Todes – einander ihre Erben vor: den zehnjährigen Karl und den achtzehnjährigen Wenzel. Sie waren zweifellos stolz auf ihre Söhne.

Der französische Chronist fragt: »Wie wäre wohl diesen mächtigen Herrschern zumute gewesen, hätten sie gewußt, was mit ihrem Erbe geschehen würde?«

Bei Wenzel IV. dachte der Chronist sicherlich an die Hussitenkriege. Diese brachen jedoch erst nach Wenzels Tod aus und bedeuteten für das tschechische Volk keinen Niedergang, sondern im Gegenteil eine der ruhmvollsten Perioden seiner Geschichte. Dem französischen König Karl VI. hingegen zerfiel das väterliche Erbe unter den Händen, und hätte das Auftreten der Jeanne d'Arc bei der Belagerung von Orléans nicht eine Wende im Kampf gegen die Engländer herbeigeführt, wäre wohl unabwendbar die Katastrophe eingetreten.

Als Karl VI. nach dem Tode seines Vaters den französischen Thron bestieg, dauerte der Krieg zwischen Frankreich und England, den die Historiker später den Hundertjährigen nannten, schon über vierzig Jahre. Es war freilich kein hundertjähriger Krieg im eigentlichen Wortsinne, sondern eine lange Kette von Fehden und Kämpfen, unterbrochen von längerem oder kürzerem Waffenstillstand. Ursache des Krieges war der

Streit um den französischen Thron. Als 1328 Karl IV., der Schöne, starb, der letzte französische König aus der Dynastie der Kapetinger, folgte auf dem Thron Philipp von Valois, ein Neffe König Philipps IV., dessen Söhne keine männlichen Erben hatten. In Frankreich galt das sogenannte Salische Gesetz, das weibliche Nachkommen von der Thronfolge ausschloß.

Dadurch fühlte sich der englische König Eduard III. benachteiligt, dessen Mutter eine Tochter Philipps IV. war. England erklärte, daß es das Salische Gesetz nicht anerkenne, und der Hundertjährige Krieg begann. Von diesem Krieg wurde vor allem Frankreich heimgesucht, weil er sich meist auf seinem Territorium abspielte. Erinnern wir in dem Zusammenhang daran, daß sich der böhmische König Johann von Luxemburg vergeblich bemühte, diesen Konflikt auf diplomatischem Wege abzuwenden. Johann fiel dann heldenhaft in der Schlacht bei Crécy am 26. August 1346.

(Wir räumen ein, daß der Begriff Hundertjähriger Krieg mißverständlich ist, konnten ihn jedoch nicht vermeiden, weil in diese Zeit die Herrschaft des französischen Königs Karl VI. fällt. Uns erinnert der Hundertjährige Krieg an die zwar nicht sicher verbürgten, tschechischen Ohren jedoch angenehm klingenden letzten Worte Johanns von Luxemburg: »Das wird es bei Gott nicht geben, daß ein böhmischer König aus dem Kampf flüchtet!«)

Karl VI. war bei seiner Krönung zwölf Jahre alt. Die Herrschaft für den unmündigen König übernahmen mit Freuden seine Oheime, Brüder des verstorbenen Karls V., die Herzöge von Burgund, Anjou und Berry. Sie herrschten schlecht. Sie kümmerten sich nicht um Land und Volk, sondern dachten nur an ihren Vorteil. Darin sind sich alle Historiker einig. Zu der Zeit war wieder einmal Waffenstillstand im Hundertjährigen Krieg. Damit die Waffen nicht rosteten, unternahmen die Regenten einen Feldzug gegen Flandern. Flandern (das heutige westliche und nordwestliche Belgien) war eine Grafschaft unter französischer Oberhoheit. Die dortigen Grafen gerieten immer mehr in Konflikt mit dem erstarkenden städtischen Bürgertum in Gent, Antwerpen und anderen Städten. Der Reichtum dieser Städte hing nämlich von der Tuchherstellung ab und damit von der Wolleinfuhr aus dem feindlichen England. Eine Rolle spielten auch die unterschiedliche Nationalität und Sprache. Der Graf und die Adligen waren Franzosen, das Volk Flamen. Als der Graf den Herzog von Burgund, Philipp den Kühnen, um Hilfe gegen die aufrührerischen Bürger bat, brach das gesamte französische gepanzerte Reiterheer mit dem jugendlichen König nach Flandern auf. Der Feldzug endete mit einem Sieg der Franzosen (1382 bei Roosebeke), worauf Repressalien folgten und Philipp van Artevelde, der Führer der flämischen Bürger, hingerichtet wurde.

Den Oheimen gelang es in sechs Jahren, den Staatsschatz, den Karl V. angehäuft hatte, zu veruntreuen und zu vergeuden, und als Karl VI. 1388 zum König ausgerufen wurde (relativ spät, erst mit zwanzig Jahren – die Oheime wollten offenbar die Herrschaft nicht hergeben) und die Regierung selber übernahm, war Frankreich verarmt.

Der junge König erwies sich als tüchtig. Er hörte auf den Rat gebildeter Männer von der Pariser Universität (unter ihnen war z. B. Honoré Bonet, dessen »Arbre de bataille« eines der ersten Lehrbücher der Staatskunst ist), und schloß sogar mit dem ebenfalls jungen englischen König Richard II. einen »dauerhaften« Frieden, den er mit relativ geringen Zugeständnissen erreichte. Beide junge Könige vereinbarten sogar einen Kreuzzug gegen Türken und Tataren.

1392 heiratete Karl VI. Nach einem Porträt hatte er die Prinzessin Isabeau von Bayern ausgewählt, die ihm den Sohn Karl (den späteren König Karl VII.) und die Tochter Katharina gebar. Mehrere Monate

Krönung Karls VI.

nach der Hochzeit wurde er jedoch angeblich wahnsinnig.

An der Stelle muß man fragen: Befand sich die mittelalterliche Medizin auf einem solchen Niveau, um in diesem Falle eine sichere Diagnose stellen zu können?

Die Heilkunst im Mittelalter. Der allgemeine Verfall von Kultur und Zivilisation in Europa (vielleicht mit Ausnahme von Byzanz) nach dem Untergang des römischen Reiches betraf natürlich auch die Medizin. Es gab fast keine professionellen Ärzte, es gab keine ärztliche Ausbildung, Kranke wurden nur von Mönchen in Klöstern behandelt, auch manche Priester besaßen empirische Kenntnisse in der Medizin. Bei der Behandlung spielte natürlich die Religion eine Rolle, oft wurden einfach Gebete verordnet. Lag ein Herrscher im Sterben, betete das ganze Volk. In die Medizin drang Aberglauben ein, und verbreitet war die Ansicht, daß Krankheit eine Strafe Gottes sei. Namentlich von der »Fallsucht«, der Epilepsie, wurde das behauptet.

Zum Glück kannten einfache Frauen auf dem Lande die Wirkung von Heilpflanzen, sie wußten auch, wie man Wunden behandelt, und diese Kenntnisse gab die Mutter an die Tochter weiter. Nicht selten rief sogar ein Burgherr eine solche heilkundige Frau, wenn er erkrankt war.

Nach der Jahrtausendwende, als die ersten europäischen Universitäten entstanden, wurden dort auch medizinische Fakultäten eingerichtet. Die ältesten medizinischen Fakultäten befanden sich in Italien (Salerno und Padua) und Frankreich (Montpellier).

An diesen Universitäten wurde allerdings nicht wissenschaftlich gearbeitet. Man las lediglich Texte von Galenos und Hippokrates, die von den Studenten auswendig gelernt wurden. Der höchste Grad wissenschaftlichen Denkens waren Kommentare zu diesen Texten.

Die wichtigsten Behandlungsmethoden waren Aderlaß und die Verabreichung von Abführ- und Brechmitteln. Man kannte pflanzliche und mineralische (gegebenenfalls auch tierische) Arzneien, die größte Auswahl bestand jedoch bei den Abführmitteln. Deshalb verwundert es nicht, daß im Mittelalter die Sterblichkeit hoch war, obwohl es im hohen und späten Mittelalter schon den Arzt als Beruf gab. Aber selbst Ärzte waren hilflos bei den häufigen Epidemien.

An der Wende vom vierzehnten zum fünfzehnten Jahrhundert, zu Beginn der Renaissance, zeigten sich Ansätze selbständigen medizinischen Denkens. Aus der Zeit sind auch die ersten bedeutenden böhmischen Ärzte bekannt, Křišťan von Prachatice und Albicus von Uničov. Beide waren Magister der Karlsuniversität, Professoren an der Medizinischen Fakultät, und beide wurden Leibärzte Wenzels IV. (In Froissarts »Chronik des Hundertjährigen Krieges« wird von einem Prager Jiřík berichtet, der ein hervorragender Arzt gewesen sein soll, Kaiser Karl IV. schickte ihn zu dem französischen König Karl V., als dieser schwer erkrankt war. Und der Prager Jiřík – Froissart schreibt, man habe ihn wegen seiner ungewöhnlichen Gelehrsamkeit einen zweiten Aristoteles genannt – half dem französischen König tatsächlich.)

Křišťan von Prachatice übersetzte medizinische Traktate aus dem Lateinischen ins Tschechische und wurde so der Verfasser der ersten tschechisch geschriebenen medizinischen Bücher. Außerdem gab er später ein Handbuch für die Wundärzte der Hussitenheere heraus. Eines der ersten Lehrbücher der Militärchirurgie ist also tschechisch geschrieben.

Albicus von Uničov hingegen schrieb nur lateinisch, bemühte sich aber um selbständige wissenschaftliche Betrachtungen.

In der mittelalterlichen Medizin bestand ein großer gesellschaftlicher Unterschied zwischen Ärzten (Internisten) einerseits und Feldscheren oder Wundärzten (Chirurgen) andererseits. Während die ersten Hochschulbildung besaßen, wie wir heute sagen würden, und gesellschaftlich fast auf der Stufe der Priester standen (viele waren auch Priester), galten die anderen weniger. Chirurgie war eher ein Handwerk, ein Wundarzt lernte bei einem anderen. Ein Arzt besaß das Recht, einen Wundarzt zu rufen und ihm zu befehlen, was er operieren sollte. Geistlichen und Priestern verbot die römische Kirche chirurgische Eingriffe und Behandlungen, bei denen Blut floß. Sie durften zwar Patienten behandeln, aber nicht zur Ader lassen usw., und zwar aus denselben Gründen, aus denen Ketzer und Hexen verbrannt wurden. (Wie man sieht, hatte sich das Niveau der mittelalterlichen Medizin seit der Zeit, als der berühmte Galenos persönlich verletzte Gladiatoren behandelte, sehr verschlechtert.)

Die mittelalterlichen Wundärzte waren meist gleichzeitig Bader und Barbiere. Das währte bis ins siebzehnte Jahrhundert. Erst 1615 teilte sich die Königliche Gesellschaft der Chirurgen und Barbiere in England in die Gesellschaft der Chirurgen und die der Barbiere.

Zum Glück waren die bedeutenden Kenntnisse der

Ärzte aus der Antike nicht unwiederbringlich verlorengegangen. Wahrscheinlich über das byzantinische Reich gelangten sie in die arabische Welt. Araber übersetzten die Werke von Galenos, Hippokrates und anderen aus dem Griechischen ins Arabische und entwickelten diese medizinischen Erkenntnisse schöpferisch weiter. Im hohen Mittelalter, als die Europäer durch die Kreuzzüge die arabische Welt kennengelernt hatten, waren arabische Ärzte sehr geschätzt. Der römische Kaiser Friedrich II. (1194–1250), der auch König von Sizilien und Jerusalem war, hatte an seinem Hofe in Palermo sogar mehrere arabische Ärzte. Wir sollten jedoch besser muslimische statt arabische Ärzte sagen, denn auch Avicenna (Ibn Sina, 980–1037) und Averroes (Ibn Ruschd, 1126–1198), die berühmtesten muslimischen Ärzte, waren keine Araber – der erste war Tadshike und der zweite spanischer Maure.

In der Zeit der Renaissance und des Barocks legte die europäische Medizin allmählich die mittelalterlichen Vorurteile ab. Molières Komödie »Der eingebildete Kranke«, geschrieben in der zweiten Hälfte des siebzehnten Jahrhunderts, ist zwar noch eine Satire auf mittelalterliche ärztliche Methoden, aber sie entstand schon am Vorabend großer medizinischer Entdeckungen von William Harvey, Thomas Sydenham, Giovanni Battista Morgagni und anderer. Den Weg zu diesen Entdeckungen zu bahnen, halfen auch zwei hervorragende tschechische Ärzte jener Zeit, die an der Karlsuniversität wirkten – ihr Rektor Jan Jessenius (hingerichtet 1621 auf dem Altstädter Ring) und der Medizinprofessor Markus Marci von Kronland, der unter anderem eine moderne Beschreibung von Anfallskrankheiten verfaßte.

Karl VI. mit seiner Gemahlin Isabeau von Bayern

Und der »wahnsinnige« französische König? Kehren wir wieder zu Karl VI. zurück. Nachdem er angeblich wahnsinnig geworden war, übernahm zum Schaden des französischen Königreichs wieder der Burgunderherzog Philipp der Kühne die Regierung. Er war ein mächtiger Feudalherr, der außer dem Herzogtum Burgund auch Flandern und Brabant beherrschte, das er durch Heirat erworben hatte. Dadurch wurde er gewissermaßen auch unabhängig von der französischen Krone, denn Brabant war ein Lehen des römischen Reichs. Philipp der Kühne leerte erneut kühn die Staatskasse, die Karl VI. wieder halbwegs gefüllt hatte. Er fand jedoch einen Gegner in Person seines Neffen, des Herzogs Ludwig von Orléans, des jüngsten Bruders des Königs. Dieser Herzog war an der Wende vom vierzehnten zum fünfzehnten Jahrhundert der eleganteste Adlige Europas. Er gab an den europäischen Höfen in der Mode den Ton an. Natürlich fühlte er sich berufen, im Namen seines kranken Bruders zu herrschen.

Die Konflikte zwischen dem Herzog von Orléans und der burgundischen Partei spitzten sich noch zu, als im Jahre 1404 Philipp der Kühne starb und sein gewalttätiger Sohn Johann der Unerschrockene die Herrschaft übernahm. Dieser ließ drei Jahre nach dem Tode seines Vaters, am 29. November 1407, den Herzog von Orléans ermorden. Gedungene Mörder töteten ihn in Paris, in der Rue de Temple. Das Verbrechen war besonders scheußlich, da ihm eine vorgetäuschte feierliche Versöhnung und eine Messe mit gemeinsamem Abendmahl vorausgegangen war.

Der südfranzösische Graf Bernhard von Armagnac wollte den Mord an seinem Schwiegersohn rächen. Es brach ein Bürgerkrieg zwischen »Burgundern« und

»Armagnaken« aus. Deren Motiv war nicht allein Rache für den Mord, sondern es war auch der politische Kampf des feudalen Südens, eines erst seit kurzer Zeit fester an die französische Krone gebundenen Landes, gegen die alten nördlichen Provinzen, wo das Bürgertum eine größere Rolle spielte. Karl VI., der inzwischen von seinem angeblichen Wahnsinn genesen war, begünstigte mal die eine, mal die andere Partei. Die inneren Streitigkeiten in Frankreich waren dem englischen König sehr von Nutzen.

In England war es inzwischen zu einem Wechsel auf dem Thron gekommen. Richard II., der mit Karl VI. einen »dauerhaften« Frieden geschlossen hatte, war von seinem Vetter Heinrich Bolingbroke, dem Herzog von Hereford, gefangengenommen worden. Zufälligerweise fast am selben Tag, als der Hochadel in Böhmen Wenzel IV. einkerkerte, der Richards II. Schwager war. (Richard war mit Wenzels Schwester Anna verheiratet.) Aber während Wenzel bald aus dem Gefängnis freikam, wurde Richard II. abgesetzt, und der Herzog von Hereford bestieg den Thron als Heinrich IV. Nach seinem Tode im Jahre 1413 erhob sein Nachfolger Heinrich V. als Urenkel Eduards III. wiederum Anspruch auf den französischen Thron. Er rüstete eine Flotte aus und landete in der Normandie.

Die Ereignisse dieses kurzen Krieges wurden meist ziemlich verzerrt wiedergegeben. Heinrich V., Shakespeares ehrenhafter Prinz Hall, war alles andere als ein strahlender Held. Man braucht nur an die Ermordung der Geiseln zu erinnern, die nach der Eroberung von Rouen nicht die geforderte Summe zahlen konnten.

Eine einzige Schlacht – bei Azincourt – entschied den Krieg im Jahre 1415. Bei Azincourt kämpften für

Frankreich nur die Armagnaken, die Burgunder hielten sich abseits. Obendrein beendete diese Schlacht den Ruhm gepanzerter Reiterei. Die französischen Ritter wurden von der englischen Artillerie und den englischen Bogenschützen geschlagen. Es fielen 10000 Franzosen, für die damalige Zeit eine gewaltige Zahl.

Ganz Frankreich befand sich in der Hand der Engländer.

An die Spitze der Armagnaken trat der Dauphin Karl. Am 10. September 1419 traf er sich mit Johann dem Unerschrockenen, dem Haupt der Burgunder. Bei dieser Begegnung kam es jedoch zum Streit, wobei Johann getötet wurde. Das beschleunigte noch die Katastrophe, der Frankreich entgegeneilte.

Der Sohn Johanns des Unerschrockenen, der Herzog Philipp der Gute, ging nun offen auf die Seite Englands über und mit ihm auch die Königin Isabeau. Im Jahre 1420 wurde in Troyes der Dauphin Karl (der spätere französische König Karl VII.) enterbt, und zum Thronfolger erklärte man den englischen König Heinrich V., der Karls VI. Tochter Katharina heiratete.

In Frankreich, das von plündernden Engländern und Burgundern heimgesucht wurde, herrschte nun der englische Regent John Earl von Bedford. Dem Dauphin Karl gehörten nur einige Städte und Burgen an der Loire.

Frankreich schien gänzlich verloren zu sein. Eine Wende erwartete niemand mehr. Und doch kam sie in dem Moment, als die Jungfrau von Orléans erschien und mit ihrem Beispiel den französischen Patriotismus entfachte. Aber das ist eine andere Geschichte …

Die Ursache von Karls Krankheit. An der Zerrüttung und am Niedergang des französischen Königreichs war zweifellos auch die Krankheit des Königs schuld, obgleich es meist nicht die Taten Karls VI. waren, sondern eher das Handeln derjenigen, die für ihn regierten und schließlich den Bürgerkrieg entfesselten, den England ausnutzte.

Aus dem anscheinend völlig gesunden, jung verheirateten vierundzwanzigjährigen König, der sich ganz normal benahm und alle höfischen Sitten befolgte und der nach Aussagen von Zeitgenossen ein guter Herrscher war (im Volk hieß er sogar Karl der Geliebte), wurde plötzlich ein psychisch kranker Mann.

»Im Jahre 1392«, schreibt ein französischer Chronist, »beschloß Karl VI., einen Feldzug in die Bretagne zu unternehmen, weil beim bretonischen Herzog der Mörder seines geliebten Heerführers Connetable de Clisson Zuflucht gefunden hatte. In der Stadt Mans sammelte sich das Heer. Als es Mans verlassen hatte und durch einen Wald zog, stürzte aus dem Gebüsch ein Vagabund hervor, packte die Zügel des königlichen Pferds und rief: ›Kehr um, erhabener Herr, du bist verraten!‹ Der Mann wurde beiseite geschafft, aber die Erregung des Königs war deutlich sichtbar. Eine Weile später stieß ein königlicher Knappe mit der Lanze an seinen Helm. Beim Klingen des Metalls schrie der König schrecklich auf, er ergriff sein Schwert und schlug um sich. Der König wurde entwaffnet, zu einem Wagen gebracht und zurück nach Mans gefahren. Er war wahnsinnig geworden.«

In Wirklichkeit verhielt er sich kurz darauf wieder normal, aber ähnliche Zustände wiederholten sich von Zeit zu Zeit.

Im Jahre 1393 heiratete eine Hofdame der Königin

Karl VI.

Isabeau. Zur Hochzeitsfeier wurde im königlichen Palast ein Maskenball veranstaltet. Während des Tanzes stürzte eine Horde junger Männer aus hochgestellten Familien in den Saal. Sie nannten sich »Les Ardents« (die Hitzigen) und waren bekannt für verrückte Streiche. (Heute würde man sie Hooligans, Jeunesse dorée oder ähnlich nennen.) Als Wilde in Strohkostümen erschreckten sie die Damen. Plötzlich fing das Stroh der Kostüme Feuer, das griff um sich, und mehrere »Hitzige« verbrannten sogar. Karl VI. erschrak derartig, daß er sich unter dem weiten Rock einer Hofdame versteckte. Als sich alle beruhigt hatten, bekam er einen gefährlichen Wutanfall. Dieser ging zwar wieder vorüber, aber die Anfälle wiederholten sich von nun an häufiger. »Die Krankheit verschlimmerte sich seitdem beträchtlich«, können wir in den »Grandes Chroniques de France« lesen.

War der König vor dem Ereignis im Wald bei Mans völlig gesund?

Nach zeitgenössischen Berichten war er es. Allerdings finden wir in Chroniken auch manches Sonderbare über Karls Verhalten.

So verteilte er zum Beispiel einmal anläßlich eines festlichen Abendessens an seine Oheime und Berater die sterblichen Überreste seines Vorfahren, des heiliggesprochenen französischen Königs Ludwig IX. Schließlich zerbrach Karl sogar einen Oberschenkelknochen ... Etwas merkwürdig für das Mittelalter, wo man Heilige grenzenlos verehrte!

Noch merkwürdiger klingt ein Bericht des Chronisten Juvenal des Ursins, der ein Ereignis vor der königlichen Hochzeit beschreibt. (Noch im selben Jahre wurde Karl VI. angeblich wahnsinnig.) Er soll bei der Ankunft seiner Braut, Isabeau von Bayern, verkleidet zugeschaut haben, mit einem Freund auf einem Pferd sitzend. Im Gedränge kam es zu einem Streit, und der König wurde dabei verprügelt ...

Bei ihm wechselten also unterschiedlich lange Wutanfälle mit Perioden, in denen er völlig normal war. Nach demselben Chronisten verbreitete er einmal bei einem Wutanfall solchen Schrecken, daß man zwölf als Teufel verkleidete Männer holte, die ihn dann ins Bad brachten. Dagegen befand sich Karl VI. im Jahre 1412 wieder in so guter Verfassung, daß er das Banner des Frankreich der Kapetinger zu ergreifen vermochte und einen Feldzug gegen die verräterischen Burgunder befehligte, die sich mit den Engländern verbündet hatten. Das war jedoch sein

Schwanengesang. Der Verstand des Königs trübte sich immer mehr. Im Jahre 1420 war Karl VI. nicht mehr fähig, den Vertrag von Troyes zu unterschreiben.

Aus den spärlichen Angaben der Chronisten können wir schließen, daß es sich bei König Karl VI. um kürzere oder längere Anfälle aggressiven Verhaltens handelte, nach denen er sich wieder lange Zeit normal benahm. Schließlich trat Demenz ein. Die Anfälle wurden anfangs durch starke emotionale Erlebnisse provoziert, später kamen sie von selbst. Übrigens verhielt sich der König schon vor dem Vorfall in Mans, den man für den Beginn des sogenannten Wahnsinns hält, zuweilen merkwürdig.

Dieses Bild entspricht keiner psychischen Erkrankung, ließe sich aber gut in den Rahmen einer Herdepilepsie oder Epilepsia partialis einordnen. Befindet sich der epileptische Herd im Schläfenlappen (Schläfen- oder Temporallappen-Epilepsie), entsteht eine Anfallskrankheit mit mannigfaltigem klinischem Erscheinungsbild, d. h. eine psychomotorische Epilepsie, bei der ein Betroffener nicht immer in völlige Bewußtlosigkeit fällt, das Bewußtsein ist manchmal nur getrübt (epileptischer Dämmerzustand). Aber der Kranke benimmt sich ungewöhnlich und auffällig: Er entkleidet sich, kriecht auf dem Boden oder flüchtet kopflos. Es gibt viele Varianten, eine davon ist Gewalttätigkeit. Während des Anfalls greift der Kranke Personen in seiner Umgebung an, wobei er auch jemanden töten kann. Gerade die grundlose Gewalttätigkeit Karls VI. im Wald bei Mans erinnert sehr an einen Anfall der sogenannten psychomotorischen Epilepsie, und fast jeder Neurologe hat einen ähnlichen Anfall bei einem Patienten erlebt. Und zwar immer bei einem Patienten, bei dem sich der epileptische Herd nachweisen ließ, zum Beispiel im Elektroenzephalogramm. Bekanntlich ist Temporallappen-Epilepsie eine relativ häufige Erkrankung, von partieller Epilepsie ist sie bei Erwachsenen die häufigste Form, auch der aggressive Typ kommt keineswegs selten vor. Und daß eine nicht behandelte Epilepsie schließlich zur Demenz führt, ist allgemein bekannt.

Eine neurologische Diagnose im zeitlichen Abstand von mehreren Jahrhunderten zu stellen ist ungewöhnlich schwierig, man kann höchstens eine wahrscheinliche Vermutung aussprechen. Zudem wissen wir nichts über die Ätiologie dieser Epilepsieform, die sekundär zu sein scheint. Die häufigsten Ursachen sind Entzündungen oder Verletzungen. Um einen expansiven Prozeß handelte es sich wohl nicht, da der König mit manifesten Anfällen dreißig Jahre lebte. Über eine Krankheit, die wir als Enzephalitis diagnostizieren könnten, hätten wir in den Chroniken sicherlich Berichte gefunden. Aber Verletzungen (Stürze vom Pferd, Lanzenstiche usw.) waren im Mittelalter bei Angehörigen der feudalen Oberschicht so häufig, daß sie nicht registriert wurden. Und so ist nicht auszuschließen, daß Karl VI. einen solchen Unfall hatte.

Wie dem auch sei, der sogenannte Wahnsinn des französischen Königs Karl VI. ähnelt am meisten den Symptomen einer Temporallappen-Epilepsie. Es wäre einer der ersten bekannten Fälle dieser Krankheit.

Richard III.

»Als ich Ihnen das Porträt zeigte«, fragte Grant, »fiel Ihnen da auf, daß es ein böser Mensch ist, bevor Sie wußten, wen es darstellt?«

»Nein«, antwortete der Arzt. »Mir fiel auf, daß es ein kranker Mensch ist.«

Josephine Tey
Tochter der Zeit

Der englische König Richard III., der letzte aus der Dynastie Plantagenet, gilt namentlich außerhalb Englands durch Shakespeares Drama als eine der negativsten Gestalten aller Zeiten. Bei Shakespeare ist Richard ein Bösewicht, wie er schlimmer nicht sein kann, unbarmherzig, skrupellos, nur nach Macht strebend. Ein Mörder und Mordanstifter, der nicht nur den Tod seiner minderjährigen Neffen auf dem Gewissen hat, von denen Eduard der legitime Thronfolger war, sondern auch den seines Bruders, des Herzogs Georg von Clarence, ganz abgesehen von weiteren Opfern wie Lord Hastings. Er ist böse, tückisch, grausam, plant unablässig Missetaten. Wie jeder echte Bösewicht sieht er häßlich und abstoßend aus, er »ist so mißgestalt, daß ihn die Hunde ankläffen«. Einfach eine unerhört wirkungsvolle, absolut negative Gestalt, mit der ganze Generationen von Schauspielern erfolgreich ihre Kunst gezeigt haben und noch zeigen. Shakespeare machte ihn auch durch die Worte »Ein Königreich für ein Pferd!« berühmt, die Richard in der Schlacht bei Bosworth gerufen haben soll, wo er mit knapp dreiunddreißig Jahren sein Leben verlor. Negativ bis zum Schluß: Das Pferd habe er verlangt, um feige aus der Schlacht zu fliehen …

Und doch … Was die historische Wahrheit betrifft, die verbürgten Taten Richards, irrte sich der größte Dramatiker aller Zeiten in diesem Stück nicht weniger als in seinem »Wintermärchen«, wo Böhmen am Meeresstrand liegt.

Es war ein Irrtum, keine Absicht. Seit Richards Tod war ein ganzes Jahrhundert verflossen, und Shakespeare mußte sich auf Chroniken und historische Werke stützen. Als Hauptquelle diente ihm offenbar die »Geschichte Richards III.« von Thomas Morus, geschrieben während der Herrschaft der Tudors, denen das Bild des letzten Plantagenet nicht schwarz genug sein konnte ...

Auf Morus und seine Chronik kommen wir noch zurück.

Uns geht es um Richard III. als historische Persönlichkeit. Darum, wie er wirklich war, welche Rolle er auf der realen Bühne des mittelalterlichen Englands spielte. Und natürlich interessiert uns Richards Körperbehinderung. Wir wollen untersuchen, ob sie irgendwie sein Handeln oder seinen Charakter beeinflußte.

Leider begegnen wir in der historischen Literatur ständig dem mystifizierten Bild, das von Shakespeares suggestiver Darstellung beeinflußt ist. Besonders lange blieb die rätselhafte Beseitigung oder Ermordung der beiden jungen Thronfolger im Londoner Tower unaufgeklärt, die Richard III. zugeschrieben wurde. Solange seine beiden Neffen lebten, hätten sie ihm den Weg zum Königsthron versperrt. Am meisten Licht in diese verworrene und fast tabuisierte Geschichte hat wohl ironischerweise eine Schriftstellerin gebracht, die einen Kriminalroman über einen historischen Stoff schrieb – Josephine Tey. Ihr Buch »Tochter der Zeit« (London 1951) erregte auch unter Historikern großes Aufsehen und bewog einige zu neuen Forschungen und zu neuen Wertungen ...

Der Krieg der Weissen und der Roten Rose. Richard III. wurde am 2. Oktober 1452 geboren, ein Jahr vor der Beendigung des Hundertjährigen Krieges und drei Jahre vor dem Beginn der Rosenkriege.

Über den Hundertjährigen Krieg haben wir im vorigen Kapitel gesprochen. Seine Ursache war der Streit um den französischen Thron, der Krieg spielte sich ausschließlich auf französischem Boden ab und endete mit der allmählichen Befreiung des gesamten Landes bis auf den Hafen Calais, der noch fast ein Jahrhundert lang englisch blieb.

Die Rosenkriege waren ebenfalls ein Machtkampf, diesmal um die englische Königskrone. Gegner waren die Lancasters und die Yorks, zwei Seitenlinien des königlichen Geschlechts Plantagenet. Das Wappen der einen zeigte eine rote Rose, das der anderen eine weiße. Die Rosenkriege dauerten drei Jahrzehnte und endeten mit Richards Tod im Jahre 1485. Sie dezimierten den Hochadel im Königreich: 1460 saßen siebzig Lords im Oberhaus, Ende des fünfzehnten Jahrhunderts waren es nur noch achtzehn. Die anderen Volksschichten waren von dem Krieg kaum betroffen, es handelte sich also nicht um einen Bürgerkrieg im eigentlichen Sinne – einer seiner Hauptakteure, Eduard von York, führte seine Anhänger in die grausamen Gemetzel mit der Losung: »Schont das Volk, schlagt die Herren!« Beide Lager verfügten über genügend Kämpfer, weil zu der Zeit die Soldaten aus dem verlorenen Hundertjährigen Krieg heimkehrten. Das Leben, an das sie sich in Frankreich gewöhnt hatten, vermißten sie zu Hause, und so stürzten sie sich gern in den Kampf. Sie bekamen ihren Sold und durften auf Beute hoffen.

Es gab noch mehr Kriegsursachen, die wichtigste

war jedoch, daß Herzog Richard von York für sein Geschlecht den Thron beanspruchte, er hattc zwölf Kinder, von denen zwei – Eduard und Richard – tatsächlich den Thron besteigen sollten. (Übrigens waren Zwistigkeiten um Thronfolge und Erbansprüche im Mittelalter beinahe an der Tagesordnung, und nicht nur in England – denken wir nur an die brudermörderischen Kämpfe unter den Přemysliden in Böhmen!) Richard von York bezeichnete nämlich die herrschende Lancastersche Linie als Thronusurpatoren und sich selber als rechtmäßigen Erben.

An damaligen Maßstäben gemessen, war er im Recht. Heinrich, Herzog von Hereford, hatte im Jahre 1399 Richard II., den letzten König aus der direkten Linie der Plantagenet, gewaltsam abgesetzt und dann als Heinrich IV. geherrscht. Richard II. war sein Vetter, der übrigens mit Anna von Böhmen vermählt war, einer Tochter Kaiser Karls IV. In die Geschichte ist Richard II. eingegangen, weil er den Bauernaufstand Wat Tylers niederschlug und bestrebt war, die Macht des Hochadels zu beschränken. Aber das nur nebenbei … Fügen wir hinzu, daß die Linie der Lancasters vom dritten Sohn Eduards III. abstammte, während Edmund, der Begründer der Yorkschen Linie, erst der viertgeborene Sohn war. Trotzdem erhob jetzt sein Enkel, der Herzog von York, Anspruch auf den Thron, und zwar nicht nur von Bluts, sondern auch von Rechts wegen. Er berief sich dabei auf seine Mutter Anne Mortimer, eine Urenkelin des Herzogs Lionel von Clarence, des zweitgeborenen Sohnes von Eduard III. Und in England galt bekanntlich auch die weibliche Thronfolge.

Nicht weniger wesentliche Ursachen für den Ausbruch dieses Feudalkrieges waren die Verhältnisse im

Lande – die Anarchie in der Verwaltung, hauptsächlich jedoch die sich wandelnden Produktionsbedingungen und sozialen Verhältnisse, wodurch allmählich die Feudalordnung untergraben wurde. Das äußerte sich in fortschrittlicheren Formen der Bodennutzung, die vor allem in den südlichen und östlichen Grafschaften sowohl von Besitzern adliger Güter wie von reich gewordenen Bauern und Städtern eingeführt wurden. Letztere kauften Land auf und verwandelten es in Weiden für die Schafzucht, sie gründeten Manufakturen zur Tuchherstellung. Der Handel gedieh, und der Bürgerstand erstarkte.

Die Beendigung des Hundertjährigen Krieges und der englische Rückzug aus Frankreich wie der Ausbruch der Rosenkriege waren nicht zuletzt auch dadurch bedingt, daß nach dem Tode Heinrichs V. im Jahre 1422 sein unmündiger Sohn Heinrich VI. englischer König wurde. Er war damals gerade neun Monate alt, und so befand sich das Königreich in der Hand des Hochadels, an der Spitze stand der Herzog von Suffolk. Der Wahlspruch der Vormundschaftsclique lautete: »Raffe, was du raffen kannst!« und wurde wirklich konsequent angewandt. Es war eine Gruppe von Feudalherren, die hauptsächlich im Norden, wo man auf alte Weise wirtschaftete, ausgedehnte Besitztümer besaß. Weil diese nicht mehr viel eintrugen, plünderten sie die Krongüter und die Staatskasse, außerdem wurden unangemessen hohe Steuern und weitere Abgaben gewaltsam eingetrieben. Die Habsucht dieser Clique kannte keine Grenzen – es kam nicht selten vor, daß die Feudalherren, die über eine bedeutende Streitmacht verfügten, in die Gebiete ihrer Nachbarn einfielen und sich deren Besitz aneigneten. Wegen dieses gesetzlosen Zustands entstand allgemeine Unzufriedenheit, besonders schwer betroffen waren Kleinbauern und arme Städter. Nachdem sie vergeblich königlichen Schutz vor der Willkür der Herren verlangt hatten, wollten sie das Recht selber wiederherstellen, und zwar mit der Waffe. Es kam zu Unruhen und Aufständen, die jedoch stets niedergeschlagen wurden, wobei man mit den Rebellen blutig abrechnete, man denke an die »Kopfernte« nach der Niederschlagung des Aufstandes unter John Cade im Jahre 1450. Immer lauter wurde der Ruf nach einem starken König, der Ordnung ins Land bringen, den übermütigen Adel zügeln und Unternehmungen und Handel begünstigen sollte.

Die Regentschaft der Feudalherren dauerte auch an, als der König volljährig war, weil Heinrich VI. nicht selber zu herrschen vermochte. Er litt an einer psychischen Störung, über die leider zu wenig überliefert ist. Wir wissen nur, daß er wochenlang stumpf vor sich hin starrte, nicht sprach und auf Fragen nicht antwortete und daß nach diesen Zuständen Perioden folgten, wo er scheinbar völlig gesund war, manchmal sogar voller Energie und Tatendrang. Heinrich VI. scheint an einer manisch-depressiven Psychose gelitten zu haben, bei der Perioden von Depression und Geistestrübung von manischen Perioden, die durch übergroße Aktivität und Euphorie gekennzeichnet sind, abgelöst werden.

Ein Mann von so geringen geistigen Gaben war kein geeigneter Herrscher in der stürmischen Zeit des Spätmittelalters. Daß ein Versuch unternommen würde, ihn zu beseitigen, war nur eine Frage der Zeit.

Mit der Herrschaft Heinrichs und dem Treiben der Suffolkschen Clique, die vornehmlich von den großen Feudalherren des Nordens unterstützt wurde, waren der südenglische Adel und die reichen Bürger unzufrieden. Und es gab noch eine Gruppe unzufriedener mächtiger Adliger – die Yorks, die nur auf eine günstige Gelegenheit zum Eingreifen lauerten. Das waren also die Hauptakteure des Dramas, das man die Rosenkriege nannte, eines Dramas in drei Akten, mit einem Prolog und einem Epilog, wie es sich für eine richtige Tragödie gehört.

Der Prolog begann im Jahre 1450. Das Haupt der Unzufriedenen, Herzog Richard von York, königlicher Statthalter in Irland, drang mit einem Heer in England ein, entfernte Suffolk und seinen Clan von der Krippe und übernahm selber für den kranken König die Regentschaft als Protektor (1454–1460). Anfangs dachte dieser größte Feudalherr Englands gar nicht daran, Heinrich VI. abzusetzen, er wollte nur wieder Ordnung im Lande schaffen und eine straffe Führung der Staatsgeschäfte gewährleisten. Richard machte sich auch energisch ans Werk, leider waren die Umstände stärker. Kaum war der König ein wenig genesen, weigerten sich die Lancasters und ihre Verbündeten, freiwillig das Feld zu räumen und die Macht den Yorks zu überlassen. Der neue Protektor beschloß, diese Macht im bewaffneten Kampf zu erobern.

Der Krieg zwischen den Lancasters und den Yorks brach im Jahre 1455 aus, und der erste Akt dauerte bis 1460. Es war eine Reihe von blutigen Gefechten und Scharmützeln. Das Glück war anfangs den Yorks gewogen, wandte sich jedoch von ihnen ab, so daß sie sich eine Zeitlang zurückziehen mußten. 1460 gewann Richard jedoch einen mächtigen Verbündeten in Richard Neville, Graf von Warwick, und der Kampf entbrannte von neuem. Warwick war sowohl mit den Yorks wie mit den Lancasters verwandt, was er in den Rosenkriegen nutzte, um eigene politische Ziele zu verfolgen. Der Herzog von York gab nun kund, daß er Heinrich VI. absetzen wolle. Bevor er jedoch diese Absicht verwirklichen konnte, wurde er in der Schlacht bei Wakefield geschlagen. Gemeinsam mit ihm wurde auch sein ältester Sohn Edmund enthauptet. Der Kampf schien für die Yorks verloren zu sein. Daraufhin erhob mit Hilfe Warwicks ein weiterer Sohn des Herzogs, der neunzehnjährige Eduard, das Banner der Weißen Rose. Nach mehreren Schlachten eroberte er im Jahre 1461 London und ließ sich als Eduard IV. krönen. Mit der Thronbesteigung eines Vertreters der Yorkschen Linie begann der zweite Akt der Rosenkriege. Und er begann wirklich stilvoll.

Zweiter Akt mit heimlicher Ehe. Heinrich VI. versuchte noch einmal sein Kriegsglück, er wurde jedoch geschlagen und gefangengenommen. Es folgte eine Welle von Konfiskationen und Hinrichtungen, die das gesamte Lancastersche Lager betrafen. Der junge König Eduard IV. wandte sich auch von den adligen Anhängern der Weißen Rose ab und stützte sich hauptsächlich auf den niederen Adel aus dem Süden und auf die Bürgerschaft. Er wußte nämlich, daß viele große Barone, ob sie nun auf seiten der Lancasters oder der Yorks standen, den Krieg nur nutzten, um ihre eigene Macht zu stärken, um zu rauben, zu plündern und untereinander alte Rechnungen zu begleichen. Es gelang Eduard IV. ziemlich schnell, die Ordnung im Lande herzustellen, was sich hauptsächlich auf Produktion und Handel günstig auswirkte. Eduard wurde bald im Volk beliebt. Leider besaß er eine Eigenschaft, die ihm beinahe den Hals brach, und sie war auch der Grund, weshalb schließlich sein zehn Jahre jüngerer Bruder Richard, der Herzog von Gloucester, den legitimen Anspruch auf den Thron errang …

Eduard IV. war nämlich ein Schürzenjäger und Liebhaber schöner Frauen. Als er im Jahre 1465 verkündete, er habe vor fünf Monaten heimlich (!) die Ehe mit der fünf Jahre älteren Witwe Elisabeth Woodville geschlossen, die aus einer verarmten walisischen Adelsfamilie stammte und obendrein Mutter zweier Söhne (der späteren Lords Dorset und Grey) war, reagierte der gesamte Hof mit Bestürzung. Heiraten spielten damals eine wichtige politische Rolle, man braucht sich also nicht zu wundern. Diesen Bissen konnte vor allem Graf Warwick nicht schlucken, übrigens Vater zweier Töchter, von denen er wenigstens eine als englische Königin sehen wollte. (Die jüngere, Anna, wurde es tatsächlich, aber erst nach seinem Tode.) Und als dann Eduard IV. die Verwandten seiner Frau mit Ämtern und mit den konfiszierten Gütern der Lancasters bedachte, war für Warwick das Maß voll. Er brach endgültig mit Eduard und befreite Heinrich VI. aus dem Tower. Warwick verbündete sich mit dessen machtgieriger Gemahlin Margarete von Anjou und zog auch Eduards jüngeren Bruder Georg, Herzog von Clarence, einen notorischen Säufer und Skandalbruder, der in der Yorkschen Familie als das schwarze Schaf galt, auf seine Seite. Es folgten Rebellionen und größere bewaffnete Auseinandersetzungen. Eduard IV. war schließlich gezwungen, über Holland nach Burgund zu fliehen, wo er ein Heer sammelte.

Richard III.

Gemeinsam mit ihm teilte das Schicksal eines Flüchtlings auch sein jüngster Bruder Richard, Herzog von Gloucester – seit dem Jahre 1470 eine Hauptfigur der Rosenkriege. Obwohl er erst siebzehn Jahre zählte, half er seinem Bruder, ein Heer aufzustellen, und er sicherte später die Landung in England. Im Frühjahr 1471 kam es zu zwei entscheidenden Schlachten gegen Warwick und die Königin Margarete. In der ersten bei Barnet fiel der »Königsmacher« Warwick, in der zweiten bei Tewkesbury wurden Margarete besiegt und ihr Sohn getötet. In beiden Schlachten zeichnete sich der junge Richard von Gloucester durch seine Tapferkeit aus. Nach einem zeitgenössischen Chronisten erschien er bei Barnet »im Getümmel des heftigsten Kampfes, die Streitaxt schwingend«. Heinrich VI. wurde ermordet, weitere Hinrichtungen dezimierten seine Anhänger, es gab wieder Konfiskationen. Eduard IV. konnte sich endlich ungestört der Regierung des Königreichs widmen.

Die folgenden Jahre (1471–1483) kann man als Herrschaft der harten Hand bezeichnen, die Macht des Hochadels und die Rechte der Lords im Oberhaus wurden beschnitten. Viele Feudalherren flüchteten lieber nach Frankreich, unter ihnen Heinrich Tudor, Herzog von Richmond, der neue Hoffnungsträger der verbliebenen Herren der Roten Rose – später die Hauptgestalt des Epilogs im langen Kampf um die englische Krone. Eduard IV. umgab sich mit Männern aus dem neuen Adel, mit Rittern und reichen Bürgern. Zwar unterstützte er ihre Unternehmungen und den einträglichen Tuchhandel, aber als Entgelt forderte er »freiwillige Geschenke« und Anleihen. Damit war man gern einverstanden, da eine starke Königsmacht vor der Willkür der mächtigen

Feudalherren und vor Volksaufständen schützte. Es begannen relativ ruhige Zeiten …

Eduard IV. starb jedoch schon am 9. April 1483. Er hinterließ zwei Söhne und fünf Töchter, alle aus der Ehe mit Elisabeth Woodville stammend. Der älteste Sohn Eduard, der zwölfjährige Prinz von Wales, war der Thronfolger. Im Testament hieß es, daß während der Minderjährigkeit Eduards sein Onkel Richard, der Herzog von Gloucester, als Protektor die Staatsgeschäfte führen sollte.

Die Nachricht vom Tode seines Bruders erreichte Richard weit im Norden, an der schottischen Grenze, wo er sich um die Verwaltung der ausgedehnten Yorkschen Güter und deren Schutz vor feindlichen Überfällen kümmerte. Nach einem dramatischen Ritt traf er Anfang Mai 1483 in London ein, und gemäß dem Letzten Willen des verstorbenen Königs bereitete er die Krönung des jungen Eduard V. vor. Sie sollte am 22. Juni 1483 stattfinden. Aber diese Krönung fand nie statt …

Schon am 8. Juni wurde bei einer Sitzung des Kronrats etwas bekannt, was alles hinfällig machte und Richard auf den Königsthron erhob.

Es begann der dritte, der Schlußakt der Rosenkriege.

MÖRDER ODER OPFER? Lesen wir in den Werken, die sich mit jener Zeit befassen, finden wir bis auf seltene Ausnahmen eine ziemlich eindeutige Einschätzung von Richards Herrschaft (25. Juni 1483 bis 22. August 1485). Man geizt nicht mit Anerkennung und Lob: Er herrschte gerecht, beschränkte die Macht des Hochadels, hatte ein gutes Verhältnis zum Parlament, schaffte die »freiwilligen Geschenke« ab, war im gesamten Königreich populär und wurde vom einfachen Volk geliebt, besaß Klugheit, Tapferkeit und Charme, war ein energischer und gewandter Herrscher, mutig im Kampf und nachsichtig gegenüber seinen Gegnern. Das geben auch Richards Widersacher und die von ihnen beeinflußten zeitgenössischen Chronisten zu. Die einen wie die anderen, die objektiven und die befangenen, vergessen jedoch niemals, ein verdammendes »aber« hinzuzufügen: Aber ... er scheute vor keiner Missetat und vor keinem Verbrechen zurück, war nicht wählerisch in den Mitteln, verschuldete den Tod seines Bruders Georg von Clarence, ließ zwei unschuldige Kinder ermorden ... usw. usw. Gewöhnlich wundert man sich, wie ein so guter Herrscher ein so scheußliches Verbrechen verüben konnte, womit die Ermordung der unschuldigen kleinen Prinzen gemeint ist. Dabei würde es genügen – wie das die bereits erwähnte Josephine Tey in ihrem historischen Kriminalroman getan hat –, von der Überlegung auszugehen, die sich logisch anbietet: Besaß Richard diese Tugenden und guten Eigenschaften, konnte er keinen solchen Mord verüben. Josephine Tey hat auch unwiderlegbar bewiesen, daß eine solche Schlußfolgerung berechtigt ist ...

Lassen wir jedoch die Fakten sprechen.

Am 8. Juni 1483 enthüllte Robert Stillington, Bischof von Bath, auf der Sitzung des Kronrats eine Tatsache, die den ehrenwerten Lords die Sprache verschlug. Er bekannte, daß Eduard IV. vor der Eheschließung mit Elisabeth Woodville (selbstverständlich geheim) mit Lady Eleanor Butler, der Tochter des Grafen von Shrewsbury, verheiratet war. Stillington legte Beweise vor und brachte Zeugen bei. Eleanor Butler war inzwischen in einem Kloster gestorben. Daß Stillington bisher geschwiegen hatte, war begreiflich: Unter Eduard IV. hatte er das Amt des Lordkanzlers inne, ein sehr hoher Schweigelohn. Ob er von Richard beeinflußt war oder nicht, bleibt eine offene Frage. Es gibt keine Beweise dafür oder dagegen. Die Angelegenheit war so gewichtig, daß sie am 25. August vom Parlament behandelt werden sollte. Es mußte entscheiden, ob die zweite Ehe ungültig war. Wenn ja, galten alle Kinder Eduards als unehelich und besaßen keinen Anspruch auf den Thron.

In dem Falle war der legitime Thronfolger Richard von Gloucester, was sowohl die Gegner der Yorkschen Dynastie befürchteten, die unter Eduard IV. politischen Einfluß, Privilegien und Besitz verloren hatten, wie auch diejenigen, die jetzt diese Güter und Privilegien nur deshalb besaßen, weil sie zur weitverzweigten Verwandtschaft von Eduards zweiter Gemahlin Elisabeth Woodville gehörten. Es bildete sich eine Opposition der Aristokraten, und man einigte sich auch gleich. Richard legte jedoch nicht die Hände in den Schoß. Am 20. August überraschte er mit einem bewaffneten Gefolge die Verschwörer und verhaftete drei ihrer Führer. Lord Hastings wurde hingerichtet, Lord Stanley und Bischof John Morton fanden Gnade. Mit dieser Großmut unterschrieb Richard sein eigenes Todesurteil: Stanley läuft in der Entscheidungsschlacht bei Bosworth zum Feind über und verursacht Richards Niederlage, Bischof Morton schändet für immer seinen Namen, denn er ist der Urheber der falschen Beschuldigungen, Richard habe Eduards Söhne ermorden lassen und weitere Verbrechen verübt.

Am 25. August erklärte das Parlament Eduards

Ehe mit Elisabeth Woodville für ungültig und seine Kinder für unehelich, die beiden Jungen sperrte man in den Tower. Der Herzog von Gloucester wurde als Richard III. zum König von England ausgerufen.

Damit gedachte sich die adlige Opposition nicht abzufinden. Schon im November mußte Richard einer Rebellion unter Lord Buckingham trotzen, seinem früheren Anhänger. Buckingham war von Bischof Morton aufgehetzt worden und wurde von Söldnern unterstützt, die Heinrich Tudor in Frankreich angeworben hatte. Richard schlug die Rebellen und ließ Buckingham hinrichten.

Im Januar 1484 bestätigte das Parlament wiederum Richards Anrecht auf den Thron und erklärte Eduards Söhne für unehelich, was in der Bulle »Titulus Regius« kodifiziert wurde. (Nirgendwo wird erwähnt, daß die Jungen nicht leben, auch Richards Feinde verbreiten nichts dergleichen, obwohl nach späteren Legenden die Jungen schon längst tot sein mußten.) Dagegen starb im Frühjahr Richards Sohn Eduard und ein Jahr darauf seine Gemahlin Anna Neville. Um der Yorkschen Linie den Thron zu erhalten, bestimmte Richard zu seinem Nachfolger seinen Neffen Eduard von Warwick, der kein anderer war als der Sohn von Richards älterem Bruder Georg von Clarence, dessen Tod Richard vor Jahren verschuldet haben sollte. (Eduard IV. ließ Georg wegen seiner Teilnahme an einer Verschwörung 1474 im Tower gefangenhalten, wo er starb.) Richard III. achtete überhaupt darauf, daß alle seine Verwandten (er war das vorletzte von zwölf Kindern des Herzogs von York und der Gräfin Cicely Neville) einschließlich der fünf Töchter seines Bruders Eduard gut versorgt am Hofe lebten, wie es Mitgliedern des Königshauses zustand. Unter ihnen befanden sich auch drei potentielle Thronerben, die Richard eher bedrohen konnten als die beiden unehelichen Jungen im Tower. Mit deren Tod hätte Richard nichts gewonnen. Ihre Ermordung durch Richard widerspricht dem gesunden Menschenverstand. Und Richard hatte einen gesunden Verstand, wenn es auch um seine Gesundheit sonst nicht zum besten bestellt war.

Die Hauptgefahr drohte Richard aus einer anderen Richtung.

Die Opposition innerhalb des Landes verbündete sich mit den im Ausland lebenden Lancasters, und im Bestreben, die verlorenen Positionen zurückzugewinnen oder sich auf Kosten des Yorkschen Geschlechts zu bereichern, beschloß man, Richard III. mit Waffengewalt zu stürzen. Zum Kronprätendenten wählte man einträchtig den bisher unbedeutenden, aber maßlos reichen Heinrich Tudor, Herzog von Richmond, der zur Zeit von Eduards Abrechnung mit den Lancasters am französischen Hof Zuflucht gesucht hatte. Er war zwar nur ein entfernter Verwandter der Lancasters, seine Mutter war eine Enkeltochter von John Beaufort, einem unehelichen Sohn des ersten Lancasters Johann von Gaunt, doch auch die wenigen Tropfen königlichen Bluts genügten, um Anspruch auf den englischen Thron zu erheben.

In Frankreich sammelte er ein starkes Heer und schiffte es an die walisische Küste. Am 22. August 1485 traf er auf dem Bosworthschen Feld bei Leicester auf Richard. Dort verlor Richard sein Pferd, sein Königreich und sein Leben. Als die Nachricht von seinem Tode in die Stadt York gelangte, schrieben die Ratsherren ins Stadtbuch: »An diesem Tage wurde unser guter Richard schändlich getötet und ermordet, zur großen Betrübnis und zum Leid dieser Stadt.« Und offenbar auch zum Leid des gesamten nichtaristokratischen Englands. Nach einer zeitgenössischen Ballade soll sich Richard III. vor der Schlacht eine goldene Krone auf den Helm gesetzt haben, um – sollte er fallen – als König zu sterben. Angeblich wurde die Krone später von Soldaten gefunden, sie war in Dorngesträuch gerollt.

Die Krone, um die sich zwei mächtige Geschlechter dreißig Jahre lang einen hartnäckigen Vernichtungskampf geliefert hatten, in dem nicht selten das Henkersbeil oder der Dolch eines gedungenen Mörders die größte Rolle spielten, eignete sich jetzt nach einer mehrstündigen Schlacht der lachende Dritte an – Heinrich Tudor, Herzog von Richmond, als König Heinrich VII.

Nach dem letzten Akt der Rosenkriege ist der Vorhang gefallen. Noch muß jedoch der Epilog gespielt werden, weil auch nach Richards Tod noch mehrere Thronanwärter aus dem Yorkschen Geschlecht am Leben sind, vor allem der junge Eduard Warwick, de jure der englische König.

Epilog in der Regie Heinrich Tudors. Die Zügel der Macht wurden von Heinrich VII., dem Begründer der Tudordynastie, fest in die Hand genommen. Er war der Totengräber der Ständemonarchie und schuf eine neue Organisationsform feudaler Herrschaft – den Tudorschen Absolutismus.

Vom ersten Tage an festigte er seine Herrschaft, dabei ging er konsequent, ja mit mathematischer Genauigkeit vor, oft rücksichtslos und hinterhältig.

Sein erster Staatsakt bestand darin, den »Titulus

Regius« annullieren zu lassen, die Bulle, in der das Parlament die Unehelichkeit von Eduards Söhnen und Richards Anspruch auf den Thron kodifiziert hatte. Vor dem Parlament, das schon aus seinen Anhängern bestand, bezichtigte er die vermögendsten Adligen, die bei Bosworth zu Richard gehalten hatten, des Hochverrats und eignete sich ihre Güter an. Er hatte als den Beginn seiner Herrschaft rückwirkend den Tag vor der Schlacht bei Bosworth festgesetzt! Richard wurden Rechte, Ehre und Besitz abgesprochen, aber vor dem Parlament warf ihm Heinrich nur Tyrannei und Grausamkeit vor, ohne Eduards Söhne zu erwähnen. Das kann bedeuten, daß sie zu der Zeit offenbar noch lebten. Damit bezeugte Heinrich jedoch, daß nicht Richard die unschuldigen Kinder ermorden ließ, sondern ein anderer, sofern sie überhaupt ermordet wurden. Seit 1486, also ein Jahr nach Richards Tod, wurden sie nicht mehr genannt. Die Jungen konnten auch an einer Infektionskrankheit gestorben sein, an Diphtherie zum Beispiel. Auf einen natürlichen Tod weisen die Ergebnisse der Untersuchung zweier Kinderskelette hin, die unlängst bei Ausgrabungen im Tower gefunden und mit modernen Methoden als Überreste von Eduards Söhnen identifiziert wurden. Die Theorie von ihrer Ermordung scheint unhaltbar zu sein.

Wem lag also daran, das Gerücht von ihrem gewaltsamen Tod in die Welt zu setzen?

Vor allem Heinrich VII.

Indem er die Bulle »Titulus Regius« annullierte (er ließ die Kopien vernichten und verbot unter Strafe, über das Thema zu sprechen), machte er einen großen Fehler. Einerseits gab er Eduards Tochter Elisabeth, mit der er sich im Januar 1486 vermählte, die

Ehre wieder, damit die dynastische Folge in weiblicher Linie auch für die Tudors galt. Andererseits wurden ihre Brüder, die eingekerkerten Jungen, wieder die legitimen Thronerben. Als er sich dessen bewußt wurde, bedeuteten sie für ihn eine echte Gefahr.

Ob sie eines gewaltsamen oder natürlichen Todes starben – es wurden Gerüchte über das »scheußliche Verbrechen« ausgestreut, das Richard III. begangen haben sollte. Man mußte sein Andenken und seinen noch immer guten Ruf im Königreich schänden, mußte ihn als zynischen Thronräuber hinstellen. Darum machte sich hauptsächlich John Morton verdient, der Bischof von Ely, Richards Erzfeind. Heinrich VII. revanchierte sich dafür mit dem Erzbistum Canterbury und dem Kardinalshut.

Die offizielle Version über Richards Anteil an der Beseitigung der Jungen erfuhr die Öffentlichkeit erst im Jahre 1502, siebzehn Jahre nach Bosworth. Ein gewisser Sir James Tyrell, der unter Richard den Tower verwaltete, sollte gestanden haben, daß er auf Anweisung des Königs beide Söhne Eduards erstickt habe, als der König nicht in London weilte.

Auch die Fortsetzung der Verleumdungskampagne zur Zeit Heinrichs VIII., des zweiten Tudors, ist mit Bischof John Morton verbunden. Es entstand die bereits erwähnte »Geschichte Richards III.«, eigentlich eine Schmähschrift auf den letzten Plantagenet. Als ihr Autor wurde Thomas Morus angegeben, der Philosoph und Humanist, der Verfasser der »Utopia« und Begründer des utopischen Sozialismus. Unter Heinrich VIII. war er Lordkanzler, später wurde er wegen Konflikten mit dem König hingerichtet. Morus war zu der Zeit, als Richard herrschte, fünf bis acht Jahre alt, so daß sein Buch in jedem Falle ein

Zeugnis aus zweiter Hand ist. Die Informationen bezog er jedoch von keinem anderen als vom Bischof John Morton. Die Darstellungen wurden von späteren Geschichtsschreibern übernommen, und weil es auch unter Elisabeth I. keine anderen Quellen gab, schöpfte aus ihnen dann William Shakespeare, als er sein Drama »Richard III.« schrieb. Er stellte Richard als durch und durch negativen Helden dar, womit er das Bestreben der Tudors, den letzten Plantagenet zu verdammen, ungewollt auf die wirksamste Weise unterstützte ...

Heinrich VII. verwirklichte seine Absichten konsequent, er überließ nichts dem Zufall. Nach und nach beseitigte er alle potentiellen Thronanwärter, besonders die Yorkschen Erben, die nach Bosworth am Leben geblieben waren, Richards unehelichen Sohn John von Gloucester nicht ausgenommen. Und was ihm bis zum Jahre 1509 nicht gelang, erledigte sein Sohn und Nachfolger Heinrich VIII., genannt Blaubart.

RICHARD III. ALS KRANKER MANN. Wir haben schon angedeutet, daß uns Richard interessiert, weil er an einer körperlichen Behinderung litt. Dafür gibt es viele Beweise. So wird in dem Werk von Morus (oder Morton?) diese Behinderung in Zusammenhang mit Richards vorzeitiger Geburt gebracht. In dem Sinne haben wir Richard schon 1972 in der Einleitung des Buches »Zerebrale Kinderlähmung vom Standpunkt eines Neurologen« erwähnt. Seinerzeit folgten wir dem Neurologen Ladislav Haškovec und dem Psychiater Antonín Heveroch, die Ende des vorigen Jahrhunderts als erste Tschechen über diese Krankheit schrieben. Leider waren beide offenbar von Shakespeare ausgegangen, indem sie Richard als »buckliges Scheusal, das die Hunde ankläffen« sahen.

Weil in beiden Beiträgen von einer unebenmäßigen Gestalt die Rede war, nahmen wir die sogenannte hemiparetische Form der zerebralen Kinderlähmung an, das heißt die motorische Behinderung einer Körperhälfte. Der britische Orthopäde P. Rhodes, der im Jahre 1977 sehr ausführlich die »physische Deformation« Richards III. untersucht hat, denkt jedoch nicht an zerebrale Kinderlähmung. Er meint, daß die kleinen orthopädischen Defekte des Schulterblatts und des Arms eventuell die Folge einer oberen Armplexuslähmung seien. Zu solchen Behinderungen kommt es ziemlich oft nach schweren Geburten.

Wir wissen nicht mit Bestimmtheit, ob Richards Geburt schwer war oder nicht, aber wir besitzen das unbezweifelbare Zeugnis seiner Kinderfrau, die der Mutter über die Kinder berichtete. Sie sagte jedesmal: »Richard lebt noch.« Er war also in früher Kindheit sehr schwach. Auf einem Porträt, das offenbar kurz nach Richards Tod von einem unbekannten Maler angefertigt wurde, kann man erkennen, daß die linke Schulter niedriger ist als die rechte, außerdem ist der rechte Mundwinkel heruntergezogen. Zudem gibt es auch viele Nachrichten darüber, daß Richard hinkte und daß sich seine Beine unten verdrehten (pedes equini – Klumpfuß?). Das sind Angaben, die wir nicht geringschätzen dürfen.

War es eine Frühgeburt, oder handelte es sich um eine Steißgeburt? Rhodes gibt an, daß das elfte Kind einer nicht mehr jungen Frau oft recht groß sein kann, und selbst bei einer Frühgeburt sind eine Steißgeburt und Komplikationen möglich. Eine solche schwere

Geburt könnte zu einer Form von zerebraler Kinderlähmung führen, ja auch zur Parese, d. h. zu einer Plexusschädigung. Wir befragten tschechische Geburtshelfer, sie halten diese Ansicht für richtig.

Trotzdem meinen wir, daß wir von unserer ursprünglichen Diagnose, wonach Richard an zerebraler Kinderlähmung litt, abrücken müssen. Sie ist zwar nicht auszuschließen, aber sie ist unwahrscheinlich. Ein Mann, der in der Schlacht bei Barnet eine Streitaxt schwang, kann kaum an einer größeren motorischen Behinderung infolge einer zerebralen Kinderlähmung gelitten haben, besonders wenn wir berücksichtigen, daß eine Streitaxt des fünfzehnten Jahrhunderts recht groß und schwer war.

Es konnte sich jedoch gut um eine schlaffe Lähmung handeln, verursacht durch eine Schädigung der Nervenwurzeln, die im Halsbereich aus dem Rückenmark austreten. In einem solchen Falle wären nur die Schulter- und Oberarmmuskeln gelähmt, die Hand wäre gesund. Weil es zudem der linke Arm war – auf dem Porträt ist Richards linke Schulter niedriger –, konnte er also eine Streitaxt oder ein Schwert in der rechten Hand halten und mit der linken das Pferd führen.

Daß es sich um eine frühe (vielleicht durch die Geburt bedingte) Behinderung handelte, scheint völlig sicher zu sein, da er in früher Kindheit so schwach war, daß die Kinderfrau ständig um sein Leben fürchtete.

Warum hinkte er? Nachweisbar ist bei Lähmungen des Halsnervengeflechts in geringerem Maße auch das zentrale Nervensystem geschädigt, nämlich nach einer schweren oder unnormal verlaufenen Geburt. Diese kleine Hirnschädigung, eine Nebenerscheinung der geburtsbedingten Armlähmung, könnte nicht nur für das Hinken verantwortlich sein, sondern auch für eventuelle dunklere Seiten in Richards Charakter.

Übrigens: Wer weiß, vielleicht liegt die tiefere Ursache für das geflügelte Wort »Ein Königreich für ein Pferd!« darin, daß Richard mit der linken Hand die Zügel nicht so fest halten konnte wie mit der rechten, und so stürzte das Pferd gerade in dem Moment, als Königreich und Leben auf dem Spiel standen.

Das kann natürlich niemand beweisen. Ebenso wie niemand mehr den geheimnisvollen Tod der beiden Neffen Richards aufklären wird. Das eine wie das andere wird von der Zeit verhüllt, einem undurchdringlichen Vorhang aus sechs Jahrhunderten.

Aber eines ist uns doch gelungen: Richard III. in einem etwas anderen, untraditionellen Licht zu zeigen. Er war nicht schlechter, vielleicht sogar besser als seine Zeitgenossen und seine Nachfolger im Kampf um den Thron. Und er war schon gar nicht der Schurke, als den ihn Shakespeare darstellt.

Um jedoch keine Mißverständnisse aufkommen zu lassen – mit dieser Feststellung wollen wir nicht im geringsten den künstlerischen Wert des Shakespeareschen Dramas herabsetzen. Die Absicht des großen englischen Dramatikers bestand gewiß nicht darin, in »Richard III.« und weiteren Dramen, in denen Usurpatoren als Hauptheiden auftreten, ein treues historisches Bild zu zeichnen oder gar die Geschichtsschreiber zu ergänzen. Wie jeder wahre Künstler wollte er vor allem die allgemeinen Probleme der abgebildeten Wirklichkeit erfassen – konkret die Zusammenhänge von Herrschaft und Machtstreben. Nicht zuletzt deshalb, um vor eventuellen Wiederholungen jener Kämpfe um die Thronfolge zu warnen. Das Stück über Richard III. schrieb er gegen Ende der Regierungszeit Elisabeths I., kurz nach der Hinrichtung Maria Stuarts.

Und das war eine Zeit, als England allmählich eine See-, Handels- und Kolonialmacht erster Ordnung wurde, wozu die Tudors beigetragen hatten. Aber eine Zeit, wo der Feudalismus der Agonie entgegensah, von einer Krankheit erfaßt, deren Symptome unbestreitbar von Shakespeare erkannt wurden. Mit ihrer Therapie begannen erst ein halbes Jahrhundert später Oliver Cromwell und die Kräfte, die er repräsentierte – die englische Bourgeoisie. Diese Krankheit zu untersuchen fällt jedoch nicht mehr in die Kompetenz eines Neurologen.

Rudolf II.

Kunstschätze und kostbare Gegenstände muß es im Rudolfinischen Prag wirklich in übergroßer Zahl gegeben haben. Als der bayrische Herzog Maximilian nach der Schlacht am Weißen Berg heimkehrte, führte sein Heer 1500 Wagen mit Beute aus Prag und dem übrigen Böhmen mit. Mancher Wagen war mit Unikaten aus der Rudolfschen Sammlung beladen.

František Gel
Der Sohn der Hexe

Wer heute den Namen Rudolfs II. nennt, denkt wahrscheinlich an die sichtbarste Eigenschaft dieses römisch-deutschen Kaisers und Königs von Böhmen und Ungarn: Er war Kunstliebhaber und Kunstkenner. Aus Prag hatte er ein Kulturzentrum par excellence gemacht. Leider ist von seinen berühmten Sammlungen nur ein Teil erhalten geblieben, eine immer noch beachtliche Kollektion.

An Rudolf II. erinnert uns der zweite Burghof des Hradschins. Der Südflügel, heute Sitz des Staatspräsidenten, war ursprünglich Rudolfs Palast, im gegenüberliegenden Nordflügel befinden sich zwei repräsentative Säle – der Spanische Saal und die Galerie. Auch sie sind unter Rudolf entstanden. Selbstverständlich wurden alle Bauwerke im Laufe der Zeit restauriert und renoviert, ihre Schönheit stammt jedoch aus jener Zeit.

Und es gibt viele Legenden und halbwahre Geschichten. Über Rudolfs Löwen und die prächtigen Ställe voller edler Rosse, die der Kaiser und König zwar persönlich fütterte und striegelte, auf denen er jedoch niemals ritt. Angeblich aus Furcht, weil ein Horoskop ihn gewarnt hatte, denn von Horoskopen hielt Rudolf viel. Dafür soll er im Stall oft Audienzen gegeben und reizvolle junge Frauen geliebt haben.

In die Legenden sind auch seine Absonderlichkeit, Weltflucht und Melancholie eingegangen.

Nicht zuletzt war das Rudolfinische Prag ein Mekka für Astronomen, Astrologen und Alchimisten, unter denen sich zwar viele Betrüger befanden, aber auch bedeutende Wissenschaftler wie die Astronomen Johannes Kepler und Tycho Brahe.

Denken wir an alle diese Dinge, vergessen wir gewöhnlich, daß Rudolf II. ein Habsburger war, also ein Angehöriger des Geschlechts, mit dem das tschechische Volk die schlechtesten Erfahrungen gemacht hat. Rudolf II. war allerdings ein Habsburger aus der Zeit vor der Schlacht am Weißen Berg, und obendrein einer der wenigen, die in Prag residierten. Er hob das Ansehen der Stadt, vor allem der Burg, und lebte zweifellos gern dort. In Prag blieb er bis zu seinem bitteren Ende.

Ein Jesuitenzögling im Hussitenland. Als Rudolf nach dem Tode seines Vaters Maximilian 1576 als böhmischer König und gleichzeitig römischer Kaiser den Thron bestieg – die ungarische Krone hatte er schon 1572 erhalten –, war er ein halber Spanier, was er mehr oder weniger blieb. Er hatte nämlich eine harte siebenjährige »Schule« am spanischen Hof hinter sich, wo damals ebenfalls die Habsburger herrschten. Fanatische, intolerante Katholiken. Um Rudolfs Erziehung hatten sich vornehmlich Jesuiten gekümmert. Rudolf sprach kastilisch, kleidete sich spanisch – was übrigens damals in Europa die große Mode war –, hielt sich an die spanischen Hofsitten und war felsenfest vom göttlichen Ursprung seiner Macht überzeugt. Nach Spanien war er von seiner Mutter Maria geschickt worden, der Tochter des spanischen Königs und römisch-deutschen Kaisers Karl V. und – was sehr interessant ist – der Cousine ihres Gemahls Maximilian. Dieser war nach den strengen spanischen Maßstäben ein ziemlich laxer Katholik gewesen. Er soll sogar den reformierten Gottesdienst gemocht und gern protestantische Prediger gehört haben. In Böhmen bildeten damals die Protestanten die Mehrheit, sie waren jedoch zersplittert: Neben Kalixtinern, auch Utraquisten genannt, die nach dem Baseler Kompaktat geduldet wurden, gab es Lutheraner und Kalvinisten, und auch die Böhmischen Brüder erschienen wieder auf dem Plan, die seit Georg von Podiebrad (Jiří z Poděbrad) verfolgt wurden. Rudolfs spanische Mutter hatte befürchtet, ihr Sohn könnte von Maximilians Lauheit angesteckt werden.

Die Welt, in der sich der junge Rudolf plötzlich befand, widersprach seinen bisherigen Erfahrungen völlig. Wie schon gesagt wurde, waren die Nichtkatholiken in der Überzahl. Allerdings nur in der Überzahl, sie hatten nicht die Übermacht. Die Katholiken bildeten zwar eine Minderheit, waren aber gut organisiert. In Wien lebte die Kaiserwitwe Maria, deren strenger Katholizismus ihrer spanischen Herkunft entsprach. Auf sie konnten die Prager Katholiken bauen, die eine sehr geschlossene Gruppe darstellten. Ihr Mittelpunkt war das Pernštejn-Palais auf dem Hradschinplatz. Der Besitzer, der böhmische Adlige Wilhelm von Pernštejn, hatte von einer diplomatischen Mission aus Spanien seine Gattin Maria mitgebracht, eine geborene Manriquez de Lara. Um diese strenge Katholikin scharte sich die adlige katholische Gesellschaft, und unter Mitwirkung des spanischen Gesandten und des päpstlichen Nuntius schmiedete man Ränke gegen Nichtkatholiken. Aus keineswegs religiösen Beweggründen heiratete Pernštejns Tochter Polyxena als junges Mädchen den alten, gebrechlichen Wilhelm von Rosenberg, den reichsten böhmischen Magnaten, einen eingefleischten Katholiken. (Übrigens war sein Bruder Peter Vok von Rosenberg im Gegensatz zu ihm erst Kalixtiner und dann sogar Mitglied der Böhmischen Brüdergemeinde!) Als Wilhelm von Rosenberg gestorben war, heiratete Zdeněk Popel von Lobkowitz, ein anderer Angehöriger der »spanischen« katholischen Partei in Böhmen, die schöne Witwe. Und wieder nicht aus religiösen Beweggründen, Polyxena brachte die Domäne Raudnitz (Roudnice) an der Elbe in die Ehe, und sie war ihm behilflich, vor allem nach der Niederlage der Aufständischen, politische Macht und die Gunst der Habsburger zu erlangen.

Das Ziel der Habsburger, die stets auf die katholische Kirche setzten, war zu der Zeit die Rekatholisierung aller von ihnen beherrschten Länder. Wie überall waren auch in Böhmen die Jesuiten die aktivsten Betreiber der Gegenreformation. Die Angehörigen des Ordens, der von dem ausgedienten spanischen Soldaten Ignatius von Loyola gegründet worden war, kamen ganz bescheiden ins Land. Sie gründeten in Prag eine Schule, das Clementinum (heute befindet sich dort die Universitätsbibliothek), und diese erwarb sich einen guten Ruf. Davon zeugt, daß bald auch Protestanten ihre Kinder dorthin schickten. Später waren die Jesuiten jedoch wegen der gewaltsamen Bekehrung von Nichtkatholiken zum »rechten Glauben« berüchtigt.

In dieser Atmosphäre bestieg der vierundzwanzigjährige Rudolf den Thron. Das feierliche Begräbnis seines Vaters Maximilian fand in Prag statt, dabei kam es zu einem grotesken Vorfall: Das Aufschlagen einer Fahnenstange auf das altstädtische Pflaster verursachte eine solche Panik, daß alle Teilnehmer des Trauerzugs – Würdenträger des Reiches und Böhmens, Geistliche und adlige Herren – auseinanderliefen und sich in den umliegenden Häusern versteckten. So stand der junge Rudolf allein und verlassen am väterlichen Sarg und zitterte vor Angst. Ein merkwürdiges Zeichen am Beginn seiner Herrschaft.

Anfangs pendelte Rudolf unschlüssig zwischen Prag und Wien, der traditionellen Habsburger Residenz. 1583 entschied er sich definitiv für Prag, wo er dann fast dreißig Jahre verbrachte. Dreißig Jahre, die wir heute als Rudolfinische Epoche bezeichnen. Die böhmischen Stände bewilligten gern Geld zur Renovierung der Burg, die bald in alter Pracht prangte. Rudolf herrschte hier als König von Böhmen und Ungarn und als römisch-deutscher Kaiser.

Nach zeitgenössischen Berichten machte Rudolf auf die Prager einen guten Eindruck. Man beschrieb ihn als hübschen Mann von mittlerer Statur, der sorgsam auf sein Aussehen achtete und ein liebenswürdiges Wesen besaß.

Der Engländer Evans, der in jüngster Zeit eine Studie über Rudolf II. geschrieben hat, meint, die Welt kenne drei Rudolfs: Erstens den schwachen Herrscher, der einer berühmten Tradition gemäß zu regieren begann, aber nach Mißerfolgen seiner Innen- und Außenpolitik als Gefangener in seiner eigenen Burg endete. Zweitens den großen Mäzen, den Förderer von Wissenschaft und Kunst, von Malern wie Arcimboldi und Spranger, Wissenschaftlern wie Kepler und Brahe. Die Kunstschätze, die er auf der Prager Burg anhäufte, waren einzigartig in der damaligen Welt, wo Sammlerleidenschaft eine Mode bei denen geworden war, die es sich leisten konnten. (Hier ist eine Anmerkung darüber vonnöten, wie das »große Mäzenatentum« wirklich aussah. Rudolf hatte zum Beispiel Brahe 3000 und Kepler 1500 Dukaten jährlich versprochen, ein wirklich großzügiges Angebot. Ihn interessierte jedoch nicht, ob die Astronomen ihr Honorar auch regelmäßig bekamen. Das war nämlich nicht der Fall.) Und drittens kenne man Rudolf als weniger sympathische Gestalt. Geheimnisvoll, an okkulte Wissenschaften glaubend, von Betrügern hintergangen, zum Beispiel von Kelley, der sich mit Kabbala, Alchimie und anderem Aberglauben beschäftigte. Seine Obsessionen (Zwangsvorstellungen) grenzten an Wahnsinn.

WIE WAR RUDOLF II. WIRKLICH? Am ehesten war er eine Mischung aus allen drei angeführten Rudolfs.

Die Zeit seiner Herrschaft war allerdings nicht gerade ruhig. Vor allem war sie gekennzeichnet durch die sich zuspitzenden Konflikte zwischen Katholiken und Protestanten. Die junge Generation von Katholiken hatte schon die Jesuitenschulen besucht, wie Zdeněk Popel von Lobkowitz, Wilhelm Graf von Slawata, Jaroslaw Graf von Martinitz. Daneben gab es eine neue Generation von Protestanten, in Böhmen angeführt von Wenzel Budowec von Budowa und in Mähren von Karl von Žerotín. Das Gleichgewicht wurde im Jahre 1599 gestört, als Rudolf II. auf Anraten des spanischen Gesandten und des päpstlichen Nuntius die protestantischen Mitglieder der böhmischen Landesregierung entließ und durch Katholiken ersetzte. Zdeněk Popel von Lobkowitz wurde böhmischer Kanzler und betrieb eine konsequente Rekatholisierung und zentralistische Politik. Sein Traum war eine

Rudolf II.

große mitteleuropäische absolute Monarchie, deren Kern das Königreich Böhmen sein sollte.

Es gab noch einen Lobkowitz, Georg Popel, einen Vetter von Zdeněk. In den neunziger Jahren stand er an der Spitze der katholischen »neuen Welle«. Kompromißlos trat er gegen Protestanten auf, und gleichzeitig riß er Ämter und Titel an sich. In Prag munkelte man, er wolle böhmischer König werden und den schwachen Rudolf stürzen. Da verlor der Kaiser die Geduld. Er ließ Georg Popel von Lobkowitz einsperren und seinen Besitz konfiszieren. Seine junge und hübsche Tochter beschloß nach fünfjähriger Gefangenschaft ihres Vaters, beim Kaiser um Gnade für ihn zu bitten. Sie bestach deshalb einen der drei Kammerdiener (sie entschieden nämlich souverän darüber, wem der Kaiser und König Gehör schenken würde), überlegte es sich aber anders. Rudolfs »Vorliebe« für junge hübsche Frauen war kein Geheimnis ... Und so saß Georg Popel von Lobkowitz weitere fünf Jahre bis zu seinem Tode im Kerker.

Zu Beginn des siebzehnten Jahrhunderts loderte der Krieg gegen die Türken erneut auf. Die Grenze des Osmanischen Reichs verlief mitten durch Ungarn, es war eine ständig umkämpfte Grenze. (In der Schlacht gegen die Türken war 1526 bei Mohács der böhmische und ungarische König Ludwig II. aus dem Geschlecht der Jagiellonen ums Leben gekommen. Danach hatte man den österreichischen Erzherzog, den Habsburger Ferdinand, Rudolfs Großvater, zum König von Böhmen und Ungarn gewählt.) Durch das Verdienst vor allem General Russworms hatte anfangs das kaiserliche Heer große Erfolge. Mit der Eroberung von Raab begann eine Serie von Siegen, so daß ein bedeutender Teil Ungarns zurückgewonnen wurde.

Ein Traum Rudolfs II. schien in Erfüllung zu gehen, der Traum, ein großer christlicher Eroberer zu werden. Aus dieser Zeit stammt Sadelers Kupferstich, der Rudolf als Triumphator zeigt, und die Büste mit Rüstung von Andriaen de Vries. Als Rudolf auch Siebenbürgen eingenommen hatte, beschloß er, das zu verwirklichen, wozu ihn Spanien und die Kurie schon lange drängten, die gewaltsame Rekatholisierung. In den neugewonnenen Provinzen sowie in Ungarn und in Siebenbürgen, wo es damals viele Protestanten lutheranischen Bekenntnisses gab, verbot er jede nichtkatholische Konfession. Durchsetzen sollte diese Anordnung der General Belgios, ein erfolgloser Heerführer bei der direkten Konfrontation mit dem Feind, aber vorzüglicher Spezialist für die Unterdrückung der Zivilbevölkerung. Das Ergebnis war vorauszusehen. Es gab Aufstände, deren Führer der ungarische Adlige Stephan (István) Bocskay wurde. Ganz Ungarn rebellierte, daraufhin folgte eine türkische Offensive. Als Bocskay schließlich in Mähren einfiel, war Rudolf II. zum Friedensschluß gezwungen.

Der Kaiser will auf niemanden hören. Zu der Zeit überwogen bei ihm schon misanthropische Stimmungen. Er wich jeder Entscheidung aus und mißtraute den Amtsträgern des Reichs und Böhmens. Vermittler zwischen Rudolf und der Regierung wurden seine Kammerdiener. Als Zeichen ihrer Würde und Macht trugen sie eine goldene Schnur mit einem symbolischen Schlüssel zu den kaiserlichen Gemächern. Der berüchtigtste Kammerdiener, Philipp Lang, ein bestechlicher und unehrlicher Mann, war in hohem Maße an Rudolfs Unbeliebtheit schuld. (Zum Beispiel: Als Zögling Madrids beharrte Rudolf auf dem spanischen Hofzeremoniell, wonach niemand den Herrscher etwas fragen durfte, das Gesprächsthema bestimmte ausschließlich er, und niemand durfte etwas anderes erbitten, als in seinem Gesuch angegeben war. Wollten also Brahe oder Kepler den Kaiser darauf hinweisen, daß sie nicht die versprochenen Bezüge erhielten, hätten sie das in einem Audienzgesuch anführen müssen. Zur Audienz wäre es jedoch nicht gekommen, weil Rudolfs Kammerdiener das Geld unterschlagen hatten.)

Mit den ungarischen Aufständischen und den Türken über Frieden zu verhandeln widerstrebte Rudolf. Deshalb betraute er seinen Bruder Matthias mit dieser Aufgabe.

Er hätte keinen größeren Fehler begehen können. Wenn Rudolfs Mißtrauen gegenüber Menschen damals schon an Verfolgungswahn grenzte, bei Erzherzog Matthias wäre es berechtigt gewesen. Dieser Habsburger besaß großen Ehrgeiz, was keineswegs seinen Fähigkeiten entsprach. Er hatte jedoch im Wiener Bischof Melchior Khlesl einen schlauen Ratgeber gefunden, der ihn schließlich auf Rudolfs Kosten bis ans höchste Ziel führte.

Der Wiener Frieden mit den ungarischen Aufständischen und dem Osmanischen Reich (1606) bedeutete den Verlust aller früheren Eroberungen, und er brachte die Religionsfreiheit für Ungarn. Obendrein schlossen sich den ungarischen Ständen die österreichischen an, schließlich auch die mährischen. Diese ungarisch-österreichisch-mährische Ständekonföderation, angeführt von Matthias, bedeutete ein Abgehen von den habsburgischen Grundsätzen: absolute Macht für den Herrscher und vor allem Gegenreformation. Matthias wurde ungarischer König, und mit Ausnahme des Königreichs Böhmen war das ganze Reich für ihn und gegen Rudolf. Also bereitete Matthias einen Marsch auf Prag vor.

Da geschah etwas fast Unglaubliches. Die böhmischen, schlesischen und lausitzischen Stände stellten sich hinter Rudolf. Offenbar waren die böhmischen Stände beleidigt, weil mit ihnen, die sich zu Recht für das wichtigste politische Element im habsburgischen Staatenbund hielten, niemand vorher gesprochen hatte. Auch die Tatsache, daß sich die mährischen Stände der Konföderation angeschlossen hatten, spielte eine Rolle. Und so half alle Beredsamkeit des mährischen Landeshauptmanns Karl von Žerotín nichts, der zu einer Sitzung des böhmischen Landtags gekommen war. Die Böhmen ließen sich nicht bewegen, sich der Opposition gegen Rudolf anzuschließen. Als Matthias mit einem Heer in Richtung Prag zog, verteidigten die Böhmen ihren König mit Waffen …

Der Frieden von Liben war jedoch für Rudolf eine Katastrophe. Von seinem Reich verblieben ihm lediglich der Kaisertitel und die Länder der böhmischen Krone ohne Mähren. Über die anderen Habsburger Lande herrschte Matthias als König von Ungarn und designierter Nachfolger auf dem böhmischen Thron. Obendrein war Rudolf im Jahre 1609 gezwungen, eine Urkunde zu unterschreiben, die dem Königreich Böhmen als Entgelt dafür, daß die böhmischen protestantischen Stände im Streit mit Matthias zu ihm gehalten hatten, Religionsfreiheit garantierte. Diese Urkunde ist unter der Bezeichnung Majestätsbrief in die Geschichte eingegangen.

Seit dieser Zeit sann Rudolf auf Rache. Auf Rache an seinem verräterischen Bruder und an den »ungehörigen« böhmischen protestantischen Ständen, die ihn genötigt hatten, den Majestätsbrief zu unterschreiben. Er suchte und fand Unterstützung bei seinem Vetter Leopold, dem Bischof von Passau. Dieser verantwortungslose und leichtfertige kirchliche Würdenträger, der davon träumte, der nächste Kaiser zu werden, warb ein Heer von etwa zehntausend Mann unterschiedlichster Nationalität an – unter dem Vorwand einer militärischen Aktion im Reich, wo man gerade um die Jülich-Clevesche Erbfolge stritt. In Wirklichkeit drang das Heer Anfang 1611 in Böhmen ein, brandschatzend und plündernd zog es gegen Prag, ohne die Proteste des böhmischen Landtags zu beachten.

Die Prager wußten anfangs gar nicht, daß Leopold und seine räuberischen Söldner von Rudolf selber ins Land gerufen worden waren. Den Passauern gelang es lediglich, die Kleinseite zu besetzen, wo sie plünderten und mordeten. Bald ergriffen sie jedoch die Flucht, weil sich Matthias mit seinem Heer Prag näherte. Es folgte das Unvermeidliche: Rudolf verlor die böhmische Krone, und der Generallandtag der böhmischen Länder wählte Matthias zum König von Böhmen.

Nach der feierlichen Krönung im Veitsdom veranstaltete der neue böhmische König ein Festmahl auf dem Hradschin, während im Südflügel der Burg der abgesetzte König umherirrte und sich vor Haß verzehrte. Es waren ihm nur die Prager Burg – Matthias residierte in Wien – und der Kaisertitel geblieben. Er hörte jedoch nicht auf, Rachepläne zu schmieden ... Allerdings nicht mehr lange. Ein Jahr darauf, Anfang 1612, starb er knapp sechzigjährig an einer Lungenentzündung. Die Rudolfinische Epoche war zu Ende.

Nur ein Sonderling und Melancholiker? Rudolf II. besaß einige bemerkenswerte Eigenschaften, über die nur wenig bekannt ist. So war er zum Beispiel sehr gebildet. Er verstand viel von Kunst, und seine umfangreichen Sammlungen zeichneten sich durch Qualität aus. Sie unterschieden sich wesentlich von den üblichen Kunstkammern jener Zeit. Auch wenn Rudolf die Fesseln des damaligen astrologischen und alchimistischen Aberglaubens nicht zu sprengen vermochte, hatte er ein echtes Interesse an der Wissenschaft und am wissenschaftlichen Fortschritt. Unter seinem Patronat kamen 1600 in Prag bedeutende Wissenschaftler zusammen (der Tscheche Tadeáš Hájek z Hájků, der Däne Tycho Brahe, der Deutsche Johannes Kepler), dieses Kollegium bestand zwar wegen Brahes Tod nicht lange, war jedoch zweifellos das erste der Welt. Rudolf sprach außer spanisch und deutsch auch französisch, italienisch, lateinisch und recht gut tschechisch. Nach einem zeitgenössischen Bericht unterhielt er sich mit den Moskauer Gesandten des Zaren Fjodor Iwanowitsch, die ihm Pelze als Geschenk brachten (Rudolf ließ die Pelze an verschiedenen europäischen Orten verkaufen und erhielt so etwa eine Million Taler), in einer »slawischen Sprache«. Seit dem Jahre 1571 hatte er einen Tschechischlehrer – Šebestián Pachovský z Palatína.

Zeitgenossen berichten, Rudolf II. sei freundlich, aber auch einsiedlerisch gewesen, er habe an Depressionen gelitten und Menschen gemieden. In dem Zusammenhang wird sehr oft das Wort »Melancholie« gebraucht, das damals mit dem aufgelebten Interesse für Hippokrates in Mode kam. Rudolf war wegen seines übertriebenen Dünkels kaum zugänglich, er war sich seiner Bedeutung als Herrscher von Gottes Gnaden bewußt, die offensichtlichste Folge seiner spanischen Erziehung. Oft überschätzte er seine Fähigkeiten, er glaubte, auch militärisches Talent zu besitzen, obwohl er niemals in einem Heerlager war, geschweige denn an einem Krieg teilgenommen hatte.

Die wechselnden Zustände von Depression und Aggressivität dauerten lange, dazwischen gab es jedoch Zeiten, wo sich Rudolf völlig normal benahm, auch wenn er die Einsamkeit bevorzugte. Manchmal ließ er Personen von Amt und Würden oder Gesandtschaften tage- und wochenlang auf eine Audienz warten.

»Die Angst um die Macht und die Empfindlichkeit gegenüber allem, was die kaiserliche Majestät berühren konnte, waren auch der Beginn von Rudolfs Geisteskrankheit. Heute (1935, Anm. d. Verf.) ist es schwer zu beurteilen, in welche Kategorie von geistigen Störungen sie gehörte; die ärztlichen Aussagen darüber erbrachten nicht viel. Die anatomische Grundlage wird wohl für immer ein Rätsel bleiben, aber die psychischen Symptome, sofern wir darüber Angaben besitzen, erhellen doch, im Zusammenhang betrachtet, Rudolfs Krankheitszustände.

Rudolf war von seiner charakterlichen Veranlagung her ein Melancholiker ... Sein Nervensystem war schwach, und er selber tat ein übriges, es durch seine Lebensweise noch mehr zu schwächen, indem er zu oft Berauschung in den Armen schöner Frauen suchte ... Plötzlich bemächtigte sich seiner eine besondere Art Verfolgungswahn, der mit Größenwahn einherging, und nach solchen Zuständen bekam er Wut- und Racheanfälle, die sich gegen seine wirklichen und vermeintlichen Feinde richteten. Dabei konnte er gefährliche und unvernünftige Dinge tun, aber er vermochte auch Aktionen einzuleiten, die seine Gegner vernichten und allen zeigen sollten, daß er noch vollkommen in der Lage sei, seine Macht zu gebrauchen … Bei solcher Anspannung versagten die Nerven leicht ihren Dienst, Erschöpfung trat ein, und Rudolf sank in Apathie. Dann ließ er niemanden zu sich und verfolgte den weiteren Verlauf der eingeleiteten Aktionen nicht mehr. Nur Angst vor neuen Angriffen ließ ihn sich wieder aufraffen, aber bald übermannte ihn Müdigkeit. Niemals bezwang ihn jedoch seine Krankheit völlig und machte ihn dauernd unfähig, es waren nur kürzere oder längere Wellen, die durch seinen unglücklichen Geist zogen.«

So schildert nach sorgfältigem Quellenstudium der Historiker Bedřich Novák die psychische Störung Rudolfs II. Neben manisch-depressiven Zuständen finden wir Aggressivität und einen paranoiden Komplex, und nicht zuletzt wird Rudolfs starke Sinnlichkeit betont.

Die psychischen Störungen Rudolfs hatten auslösende Faktoren. Die ersten Störungen traten Ende 1580 und Anfang 1581 auf. Vorher hatten sich keinerlei Krankheitssymptome gezeigt, der Kaiser galt höchstens als ein bißchen sonderbar. Dann hatte Rudolf mehrere Monate lang eine offenbar ziemlich ernste Krankheit, über die ausführliche Berichte fehlen. Es scheint jedoch eine infektiöse, fieberhafte Erkrankung gewesen zu sein. Man sprach von Syphilis (morbus gallicus), aber nähere Angaben über diese Krankheit, die damals schon ziemlich bekannt war, besitzen wir nicht. Zweifellos handelte es sich um eine subchronische bis chronische Infektionskrankheit.

Rudolf II.

Seitdem war Rudolf verändert, die Anfälle von Depression und Apathie traten jedoch nicht allzu oft auf, und Aggressivität wird nicht erwähnt.

Die zweite und dritte Verschlimmerung trat nach psychischem Streß ein. Hier ist anzumerken, daß Rudolf, obwohl er nie heiratete, der langjährige Anwärter auf die Hand gleich mehrerer europäischer Prinzessinnen war. Wenn diese Prinzessinnen älter wurden, suchte man für sie eine andere Partie, was Rudolf allerdings als tödliche Beleidigung auffaßte. Als er 1598 erfuhr, daß seine alternde Braut Isabella von Kastilien seinen Bruder, den Erzherzog Albrecht, heiraten würde, verschlimmerte sich die Krankheit. Ein weitaus stärkerer Anfall von Depressionen trat jedoch auf, als 1600 ein französischer Gesandter in Prag die Heirat seines Königs mit Maria Medici bekanntgab, einer anderen für ihn vorgesehenen Braut. Dann kam es bei Rudolf zu auffälligen paranoid unterlegten Aggressionen. Sie entluden sich am Kapuzinerorden, den er des Verrats bezichtigte, und an seinen engsten Mitarbeitern, den Hofmeistern Rumpf und Trautson. Er warf sie hinaus, Rumpf bedrohte er sogar mit einem Dolch.

Rudolfs Geisteszustand verschlechterte sich weiterhin, wenn ihm sein Bruder Matthias nach dem Wiener und nach dem Libener Frieden Unrecht zufügte, in dem Falle meist wirkliches Unrecht. Nach dem Majestätsbrief, der ihm 1609 von den böhmischen Ständen abgezwungen worden war, hörte Rudolf fast völlig auf, sich um private und staatliche Angelegenheiten zu kümmern. Selten erwachte er aus der Apathie, lediglich der Verfolgungswahn rüttelte ihn noch zu einzelnen Handlungen auf. Der Verfolgungswahn verleitete ihn schließlich zu dem wahnwitzigen Abenteuer mit Leopold von Passau, das ihn die böhmische Krone kostete.

Von einem schweren melancholischen Anfall heilte den Kaiser zeitweilig der jesuitische Arzt Dr. Pistorius, indem er ihm riet, sich mehr mit seinen Sammlungen zu befassen als mit Staatsgeschäften.

Läßt sich Rudolfs Krankheit diagnostizieren, oder müssen wir uns einfach der Ansicht des Historikers Novák anschließen, daß die Ursache von Rudolfs Krankheit »für immer ein Rätsel bleibt?«

Des Rätsels Lösung. Der Wechsel von Depressionen und aggressiven Aktivitäten mit Zwischenzeiten völlig normalen Verhaltens erlaubt kaum Zweifel am Charakter der Krankheit. Jedem Arzt mit psychiatrischen Kenntnissen ist sofort klar, daß es sich um eine zyklische manisch-depressive Psychose handelte, eine der häufigsten psychiatrischen Erkrankungen der zivilisierten Welt. Derselben Ansicht ist auch der Psychiater Eugen Vencovský, der eine Studie über Rudolf verfaßt hat. Rudolfs Zustand verschlimmerte sich ständig, weil zu seiner Zeit keine wirksame Behandlung bekannt war, und obendrein gab es in seinem Leben mehr als genug exogene Faktoren.

Auch die ätiologische Betrachtung bereitet uns keine besonderen Schwierigkeiten. Die Psychose war erblich bedingt, und als auslösenden Faktor können wir die schwere (infektiöse?) Krankheit in den Jahren 1580 und 1581 ansehen, nach der die Symptome auftraten. Die psychische Erkrankung selber hatte jedoch eine erbliche Grundlage.

Über die erbliche Belastung der Habsburger ist viel geschrieben worden, manchmal hat man vielleicht übertrieben. Aber was Rudolf II. betrifft, so verfügen wir über einige völlig unbestreitbare Angaben.

Seine Urgroßmutter war Johanna die Wahnsinnige, die wohl an Schizophrenie litt. Von ihren zwei Söhnen hatte Kaiser Karl V., Rudolfs Großvater mütterlicherseits, zweifellos eine endogene Depression mäßigen Grades, und bei Ferdinand I., seinem Großvater väterlicherseits, traten Depressionen nach dem Tode seiner Gemahlin Anna auf, der er in Prag das wunderschöne Sommerschlößchen Belvedere gebaut hatte. Rudolfs Cousin, der spanische Infant Don Carlos, litt an einer schweren Geisteskrankheit, wobei nicht klar ist, ob es Schizophrenie oder epileptische Demenz war. Und es ist nochmals zu betonen, daß Rudolfs Großväter Brüder, seine Eltern also Cousin und Cousine waren, wodurch sich die Wahrscheinlichkeit der Vererbung ungünstiger Anlagen um ein vielfaches erhöhte.

Wir besitzen noch einen weiteren Beweis: Don Julio d'Austria, ein Sohn von Rudolf II. und Katherina Strad – ihr Vater war Verwalter der Sammlungen, sie hatte Rudolf zwei weitere Söhne und drei Töchter geboren – war ein Geisteskranker mit perversen sexuellen und gewalttätigen Neigungen. Rudolf soll gesagt haben, er sei sein »Augenstern«. Dieser Bastard starb schließlich auf Schloß Krumlov, wohin man ihn gebracht hatte, da seine Übeltaten in Prag nicht mehr zu tolerieren waren. Er soll Selbstmord verübt haben oder als Alkoholiker im Delirium tremens gestorben sein. Aller Wahrscheinlichkeit nach war er schizophren.

Wir haben also Grund zur Annahme, daß Rudolf II. an einer ererbten psychischen Störung vom Typ einer endogenen zyklischen Psychose litt. Die Erkrankung war durch eine schwere Infektion ausgelöst worden und verschlimmerte sich allmählich durch exogene Streßfaktoren.

Aber Verfolgungs- und Größenwahn? Das gehört nicht zum Bild einer manisch-depressiven Psychose. Es war schon die Rede davon, daß bei der erwähnten Erkrankung der Verdacht auf Syphilis bestand, wofür jedoch Beweise fehlten. Heute besitzen wir sie. Eine neue Untersuchung des gut erhaltenen Skeletts Rudolfs II. ergab unbestreitbare Merkmale von luetischer Ostitis (syphilitischer Knochenentzündung), besonders an den Unterschenkelknochen, was Rudolf in fortgeschrittenem Alter Beschwerden beim Gehen verursachte. Übrigens wäre es bei seinem lockeren Lebenswandel eher eine Überraschung gewesen, wenn er sich nicht an Syphilis infiziert hätte. Ende des sechzehnten Jahrhunderts war die Syphilis noch verbreitet, denn zu Beginn des Jahrhunderts hatte sie in Europa als Epidemie gewütet. Und beim Fehlen von Schutzmaßnahmen und Heilmitteln kam es sehr häufig zu Infektionen. Der hochmütige Kaiser Rudolf hat seine »französische Krankheit« zweifellos verheimlicht, so daß es auch keine Berichte über die damals übliche Behandlung mit Quecksilbereinreibungen gibt. Haben wir somit eine Erklärung für Rudolfs Verfolgungs- und Größenwahn? Eine syphilitische Erkrankung mündete seinerzeit gewöhnlich schneller als in späteren Jahrhunderten in progressive Paralyse, das vierte Stadium, wo überwiegend die Stirn- und Schläfenhirnrinde befallen sind. So lassen sich wohl die komplizierten Erscheinungen von Rudolfs Persönlichkeit auf zwei Dinge zurückführen:

1. Die Erziehung in Spanien hatte sein Auftreten und seine Lebenshaltung geprägt. In dem Milieu, wo

Rudolf sein Leben verbringen sollte, war das jedoch fremdartig.

2. Dazu kam die Kombination zweier schwerer und ständig fortschreitender Geisteskrankheiten: endogene zyklische Psychose, entstanden auf erblicher Grundlage, ausgelöst durch eine schwere Infektion und verschlimmert durch Streß, und progressive Paralyse nach einer syphilitischen Infektion vielleicht noch in Spanien. Die Paralyse äußerte sich in paranoiden Zuständen (Verfolgungswahn), die sich bis zu aggressivem Größenwahn steigerten.

Wenn man das alles in Betracht zieht, war der böhmische König und römische Kaiser Rudolf II. im Grunde ein unglücklicher Mann. Das Kostbarste und Dauerhafteste, was er hinterlassen hatte, seine Kunstsammlungen, wurde zum Teil gestohlen und geplündert. Die erhaltenen und mit großer Mühe wiedergefundenen Gemälde hütet die Prager Nationalgalerie. Am besten erging es seiner Münzsammlung. Die Habsburger brachten sie größtenteils nach Wien, wo sie der Grundstock der dortigen berühmten Münzsammlung wurde.

Nach Rudolfs Tod war die Prager Burg lange Zeit verwaist. Eine Epoche endete und wurde bald von einer anderen, für unser Volk tragischen Epoche abgelöst. Die Schlacht am Weißen Berg war nicht mehr fern, und man vernahm schon das Grollen des Dreißigjährigen Krieges ...

Wallenstein

»Ja, ich denke, daß ich mich entschieden habe«, sagte Gallas nach einer kurzen Pause. »Ich war beim Herzog. Er hat goldene Berge versprochen, aber auch ich glaube nicht mehr, daß er fähig wäre, vom Sterbebett aus ein Heer gegen den Kaiser zu führen … Wallenstein böhmischer König? Ha! Seine Herrschaft wäre noch kürzer als die des geächteten Kurfürsten; das wäre nicht einmal ein König für einen Winter, sondern nur ein Fastnachtskönig, tot schon vor der Krönung!«

Radovan Šimáček
Wallensteinrhapsodie

Diese Worte, die Despekt, ja Verachtung einem Manne gegenüber ausdrücken, der wenige Jahre zuvor fast ganz Europa erzittern ließ und den selbst Ferdinand II., der Kaiser des Heiligen Römischen Reichs, mit »lieber Gevatter« anredete, wurden in Wirklichkeit nicht gesprochen – sie stammen aus einem Roman, sind dichterische Freiheit. Trotzdem erfassen sie historisch getreu die Situation in der ersten Dekade des Februar 1634, als das Leben einer der mächtigsten, aber auch widersprüchlichsten Gestalten zur Zeit des Dreißigjährigen Krieges – Albrechts von Wallenstein* – unabwendbar einem tragischen Ende zueilte.

Der Mann, von dem die Rede ist, der Herzog von Friedland und Sagan und immer noch Generalissimus des vieltausendköpfigen kaiserlichen Heers, liegt zu der Zeit schwerkrank in Pilsen, wo seine Regimenter ihr Winterquartier bezogen haben. Wallenstein weiß, daß seine Tage gezählt sind, ihn plagen körperliche Gebrechen, trotzdem bemüht er sich mit fieberhafter

* Die tschechische Namensform lautet Valdštejn. Golo Mann schreibt: »Der richtige Name ist Waldstein oder ursprünglich Waldnstein. Da für die tschechische Zunge die Anhäufung von Konsonanten am Anfang eines Wortes leicht, in der Mitte aber schwer ist, so sprachen sie ihn Walstein aus. Die Deutschen fügten einen Konsonanten mehr oder auch eine Silbe hinzu, Wallstein, Wallenstein, Wahlenstein, je nach Belieben, in einer Zeit, in der man es mit den Buchstaben so genau nicht nahm. Albrecht selber schrieb Waldstein … Daß aber ein slawisches Geschlecht einen deutschen Namen hatte, erklärt sich ohne Mühe. Die Herren nannten oft sich nach Burgen, die ihnen deutsche Baumeister gebaut und denen deutsche Baumeister den Namen gegeben hatten.« (Anm. d. Übers.)

Hast, den Plan zu verwirklichen, der sich ungefähr vor zwei Jahren abzuzeichnen begann und vor einem Jahr zu endgültiger Form reifte, ein Plan, der sein Lebenswerk vollenden und auf die wirkungsvollste Weise krönen soll – mit einer Königskrone. Bei der Realisierung verläßt er sich vornehmlich auf sein Heer, auf seine Generäle, Obersten und Hauptleute. Ihrer Treue ist er sich gewiß, das haben sie noch vor einem Monat mit einem schriftlichen Revers bestätigt. Das Heer, die Kerntruppe, gedenkt er in den nächsten Tagen von Pilsen nach Prag zu verlegen, damit es dort auf seinen Befehl wartet, die entscheidende Aktion zu beginnen. Wallenstein zweifelt nicht am Gelingen, Glück verheißt ihm auch die günstige Konstellation der Sterne, an deren Macht, menschliche Schicksale zu bestimmen, er blind glaubt. Er verläßt sich übrigens auch auf den Beistand der schwedischen und sächsischen Truppen und schickt Eilboten in ihre Lager, damit sie an die böhmischen Grenzen ziehen und auf sein Signal in Österreich eindringen ... Endlich kann der Herzog die Maske ablegen, kann er öffentlich dem Kaiser den Gehorsam aufkündigen ...

Doch auch der Wiener Hof ist nicht mehr untätig.

Es ist eine Ironie des Schicksals, daß Wallenstein, der bewährte Meister der Militärstrategie und des diplomatischen Kulissenspiels, der kühle Rechner und geschickte Intrigant, der bisher stets über jeden Schritt seiner Gegner genau informiert war, gerade in den entscheidenden Tagen nichts davon weiß, daß der Kaiser über seine verräterischen Absichten schon längst von des Herzogs eigenen Generälen und Obersten unterrichtet wurde. Wallenstein ahnt nicht einmal, daß Ferdinand II. auf einer Geheimsitzung in Wien am 24. Januar 1634 beschlossen hat, sich seiner zu entledigen, ihn abzusetzen und den Grafen Matthias Gallas zum neuen Generalissimus zu ernennen. Der Kaiser gibt deshalb den Befehl, Wallenstein und seine wichtigsten Mitverschwörer festzunehmen und sie als überführte Verräter zu töten. Vorläufig muß alles streng geheim bleiben. Gallas, Piccolomini und weitere Offiziere sollen Wallenstein Treue vortäuschen, insgeheim einzelne Regimenter auf die kaiserliche Seite ziehen und Männer suchen, die gegen gutes Entgelt den Herzog von Friedland liquidieren. Das geschieht dann in der Nacht vom Sonnabend, dem 25. Februar 1634, in Eger (Cheb) ...

Hierher, hinter die Mauern dieser böhmischen Grenzstadt, hat sich der bis vor kurzem mächtigste Mann im Reich zurückgezogen, begleitet von Marschall Christian von Ilow (Illo), General Graf Adam Erdmann Trčka (Terzka), Graf Wilhelm Kinsky und Rittmeister Heinrich Niemann, Trčkas Adjutanten. Über alle ist schon das Todesurteil gesprochen, und unter den tausend Soldaten, die dem Herzog treu geblieben sind, marschieren neben Wallensteins Sänfte gedungene Mörder. Die übrigen Regimenter haben ihren Feldherrn verlassen und sind fortgezogen, nachdem ihnen der Kaiser fette Beute versprochen hat ... Und so vertraut Wallenstein bis zum letzten Moment nur auf fremde Hilfe. Doch Bernhard von Weimar, der Befehlshaber der im Reich operierenden schwedischen Truppen, erklärt, für den Herzog von Friedland werde er keinen Hund satteln lassen, Hans Georg von Arnim, der Kommandeur der sächsischen Truppen, von deren rechtzeitigem Eingreifen sich Wallenstein am meisten verspricht, schweigt und begibt sich von Dresden nach Berlin zum brandenburgischen Kurfürsten ...

Also sind die so lange geschmiedeten, weitreichenden Pläne, deren Verwirklichung die politische Landkarte Europas verändern sollte und in die vor allem die tschechischen Emigranten große Hoffnungen gesetzt hatten, völlig gescheitert. Nach der Schlacht am Weißen Berg waren sie von Ferdinand ihres Glaubens wegen aus dem Lande getrieben worden, sie ersehnten die Wiederkehr der früheren politischen Verhältnisse und die Rückgabe der beschlagnahmten Güter. Worin liegt die Ursache für das Scheitern? Nur darin, daß Wallenstein so lange zögerte, auf der Stelle trat, die vorbereitete Aktion verschob, eine Politik der zwei Eisen im Feuer betrieb, lavierte, mit beiden Seiten verhandelte, dem Kaiser und seinen protestantischen Widersachern Versprechungen machte, bis er das Vertrauen aller verlor? Daß in dem Moment, als er endlich zum Angriff blies, die Schweden abseits standen, obwohl sie ihm vor einem halben Jahr die böhmische Krone angeboten hatten, wenn er sich gegen den Kaiser wenden würde? Oder war hauptsächlich Verrat in den eigenen Reihen an dem kläglichen Ende des Herzogs schuld? Gibt es noch andere Gründe?

Eine Antwort ist nicht einfach.

Übrigens wurde diese Antwort von unzähligen Autoren gesucht, und wollte man ihre Werke – Romane, Dramen, Erzählungen, wissenschaftliche Untersuchungen – aufzählen, ergäbe das eine Liste von mehreren tausend Titeln. Die einen sehen die Ursache für Wallensteins Fall, für sein törichtes und geradezu naives Handeln in einem Moment, wo alles auf dem Spiel steht, in seinen Charaktereigenschaften, in seinem fast blinden Glauben an Horoskope und Astrologie – also in Ursachen subjektiver Art. Andere suchen diese Ursachen in der politischen Konstellation jener Zeit, in den objektiven Machtverhältnissen der damaligen Klassengesellschaft, in der Stärke der Armeen, in den wirtschaftlichen Möglichkeiten der einzelnen Akteure, in ihrer Fähigkeit, einander zu überlisten, den besseren Zug und Gegenzug zu ersinnen, eine Situation realistisch zu beurteilen. Schließlich wird auch Wallensteins schlechter Gesundheitszustand bedacht, die langwierige Krankheit, die vor allem an der Neige seines Lebens nicht nur die Glieder, sondern auch seinen Geist so lähmt, daß er nicht imstande ist, nüchtern zu überlegen und zu handeln ...

Wir gedenken nicht zu polemisieren, Meinungen zu widerlegen oder eine weitere Theorie vorzutragen. Die Wahrheit liegt offenbar in einer Synthese all dieser Ansichten. Diese Feststellung hindert uns jedoch nicht daran, Wallensteins Krankheitsbild mit einigen weniger bekannten Einzelheiten zu ergänzen.

Aufstieg um jeden Preis. Die tschechische Geschichte ist besonders reich an Gestalten mit kompliziertem Charakter, die so sonderbare Taten vollbringen, daß sie sowohl ihren Zeitgenossen wie späteren Generationen von Historikern, Romanschreibern und Dramatikern unerklärlich erscheinen. Man braucht nur Záviš z Falkenštejna, Jindřich z Lipé, Wenzel IV. oder Rudolf II. zu nennen, um anzudeuten, was wir meinen. Die weitaus komplizierteste Gestalt unserer gesamten Geschichte ist jedoch Albrecht von Wallenstein, darin sind sich alle seine Biographen einig.

Wie war er eigentlich? Welche Züge dominierten in seinem Charakter?

Albrecht von Wallenstein

Selbst das können wir nicht eindeutig beantworten. Vielleicht kommen wir der Wahrheit am nächsten, wenn wir sagen, daß Wallensteins Handeln in der ersten Lebensphase von grenzenlosem Ehrgeiz bestimmt wird, von ungezügeltem Verlangen nach Besitz und Macht. Als er dieses Verlangen in überreichem Maße gestillt hat, treten Selbstgefälligkeit, Selbstüberschätzung, Eitelkeit und vor allem Rachsucht immer mehr hervor. Zeitgenossen erklären, Wallenstein gehöre zu den hinterlistigsten, gerissensten und tückischsten Männern seiner Zeit. Andere meinen, er handele überstürzt, lasse sich von Zorn hinreißen, sei grausam, rücksichtslos, unbarmherzig, gehe über Leichen, um sein Ziel zu erreichen. Wieder andere loben im Gegenteil, wie großzügig, rücksichtsvoll, nachsichtig und freigebig er sei. Er sei grob, rauh, arrogant und aggressiv, habe aber ein fröhliches Temperament. Er sei ein unentschlossener Schwächling, er sei ein vertrauensseliger Mann, der auch verzeihen könne. Für die einen ist er ein Abenteurer und ein Mann, der rücksichtslos seinen Besitz vermehrt, andere schätzen seine Liebe zu Pferden, zu Kunst und Natur …

Wallensteins Leben erinnert ein bißchen an eine griechische Tragödie. Wäre er hundert Jahre früher geboren worden, hätte ihn vielleicht Shakespeare zum Helden eines Dramas gemacht …

Albrecht Wenzel Eusebius von Wallenstein wurde am 24. September 1583 als Siebenmonatskind geboren. Sein Vater war Vilém (Wilhelm) Valdštejn, seine Mutter Markéta (Margarethe) eine geborene Smiřický. Obwohl Vilém Valdštejn nur ein bescheidenes Gut in Hermanitz (Heřmanice) bei Jaroměř besaß, konnte er mit dem Wappen eines uralten und weitverzweigten, allerdings verarmten Adelsgeschlechts prahlen, zudem war er mit vielen einflußreichen Magnaten verwandt, durch Heirat sogar mit den Smiřickýs, dem nach den Rosenbergs damals reichsten Geschlecht in Böhmen.

Albrechts Kindheit war nicht gerade unbeschwert. Mit zehn Jahren verlor er die Mutter, mit zwölf den Vater. Er lebte dann bei seinem Vormund Heinrich von Slawata (Jindřich Slavata) auf Koschumberg (Košumberk), wo er die berühmte Schule der Böhmischen Brüdergemeinde besuchte. Die Familie war protestantisch. Mit vierzehn Jahren ging der Junge auf das lutherische Gymnasium im schlesischen Goldberg, um Latein und Deutsch zu lernen. Nach zwei Jahren ließ er sich 1599 in der lutherischen Universität Altdorf bei Nürnberg immatrikulieren. Als er wegen Raufereien relegiert wurde, begab er sich »auf Studienreise« nach Italien, und im Jahre 1602 kehrte er als Neunzehnjähriger wieder heim.

Zu der Zeit befanden sich die Länder der böhmischen Krone (Böhmen, Mähren, Schlesien, Ober- und Niederlausitz) in Personalunion mit dem Königreich Ungarn und den österreichischen Alpenländern und spielten in diesem Staatengebilde politisch, wirtschaftlich und kulturell die führende Rolle. In Prag residierte ein Habsburger, Kaiser Rudolf II. Der böhmische Adel wurde reich, legte Fischteiche an, baute prunkvolle Paläste und bedrückte die Bauern immer mehr. Die wohlhabenden Bürger wollten es dem Adel in allem gleichtun. Die Entwicklung der innenpolitischen Lage wurde jedoch bestimmt vom Kampf zwischen der nichtkatholischen Mehrheit, zusammengesetzt aus Utraquisten, Lutheranern und Böhmischen Brüdern, und der katholischen Minderheit, welche die gegenreformatorischen Bestrebungen der katholischen Habsburger ausnutzte und alle wichtigen Ämter im Lande innehatte. Damit gedachten sich jedoch die nichtkatholischen Herren nicht abzufinden. Vorläufig sammelten sie ihre Kräfte, und später, nach dem berühmten Fenstersturz im Jahre 1618, schlugen sie auch mit Waffen zu …

Wir schreiben jedoch erst das Jahr 1604. In Ungarn ist wieder der Krieg mit den Türken entbrannt, und der junge Albrecht von Wallenstein nimmt daran teil, um sich die ersten Sporen zu verdienen. Im Range eines Fähnrichs zeichnet er sich bei der Belagerung von Kaschau (Košice) aus. Dieser Feldzug wird jedoch in vielem für ihn schicksalhaft. Er lernt den böhmischen Adligen Johann von Bubna kennen, der ihn das Kriegshandwerk lehrt. (Ihm wird er noch mehrmals begegnen, meist unter dramatischen Umständen, zuletzt im Jahre 1633, als ihm Bubna im Auftrag des schwedischen Kanzlers Oxenstierna sogar die böhmische Krone anbietet.) Und er infiziert sich hier an einer Krankheit, genannt die »ungarische« (was damals Malaria oder eine andere Infektion sein konnte – Leptospirose, Dysenterie u. ä.), die er dann im Einvernehmen mit seinem Leibarzt als Podagra oder Gicht ausgeben wird. Erst 350 Jahre später, 1975, wird man sie richtig diagnostizieren …

Als er 1605 aus dem Kriegslager heimkehrt, trägt er in seinem Fähnrichstornister einen Marschallstab. Bis er ihn fest in der Hand halten wird, vergehen noch zehn Jahre, aber er verfolgt sein Ziel hartnäckig und unerbittlich, wobei er die Gunst Fortunas und alle seine angeborenen Fähigkeiten nutzt. Erstens gewinnt er in Person seines Schwagers Karl von Žerotín, des Gatten seiner Schwester Katherina Anna, für lange Jahre einen einflußreichen Beschützer. Karl von Žerotín ist der mächtigste Mann in den mährischen Ständen. Zweitens konvertiert er 1606 bei den Jesuiten in Olmütz (Olomouc) zum Katholizismus, was ihm den Weg zum Hofe ebnet, vorläufig zum Hofe des Erzherzogs Matthias in Wien – Wallenstein erkennt richtig, daß die Tage der Herrschaft Rudolfs II. gezählt sind. Drittens heiratet er die reiche Witwe Lucretia von Vičkov, geborene Nekeš von Landek, eine bigotte Katholikin, die große Ländereien in Ostmähren besitzt. Fünf Jahre später (1614) ist er schon Witwer, und obwohl Matthias zu der Zeit böhmischer König ist, bevorzugt Wallenstein den Dienst beim Thronfolger (und künftigen Kaiser), dem Erzherzog Ferdinand von Steiermark. Für ihn rüstet er ein Regiment aus, das er in den Krieg gegen Venedig führt. Jetzt braucht er nur noch die Früchte seiner politischen Voraussicht zu ernten.

Die Gelegenheit bietet sich bald. In Prag bricht der Aufstand der böhmischen Stände gegen die Habsburger aus. Wallenstein ist zu der Zeit Oberst der mährischen Stände. Während sich die Mähren den böhmischen Aufständischen anschließen, läuft er mit der Regimentskasse zum Feind über. Vorher hat er, ohne zu zögern, einen Offizier mit dem Degen erstochen. Ferdinand II. empfängt Wallenstein mit offenen Armen und vertraut ihm ein Regiment an, mit dem dieser dann als kaiserlicher Oberst am Feldzug Buquoys gegen die böhmischen Streitkräfte teilnimmt. Nach der Schlacht am Weißen Berg besetzt er Städte in Nordböhmen. Auf der Burg Pecka inhaftiert er persönlich einen der führenden Gegner Ferdinands, den Freiherrn Christoph von Harant (Kryštof Harant z Polžic a Bezdružic), einen weitgereisten Mann,

Schriftsteller und Musiker, der dann gemeinsam mit sechsundzwanzig weiteren Teilnehmern des Ständeaufstands auf dem Altstädter Ring hingerichtet wird. (Harant hat als Kommandeur der Ständeartillerie im Jahre 1619 Wien beschossen, und Ferdinand kann ihm die Stunden der Angst, die er durchmachte, nicht vergessen.)

DEM NEID ZUM TROTZ. Invita invidia! Dem Neid zum Trotz – das ist die Losung, die Wallenstein, Oberkommandierender des bezwungenen Prag, auf seine Fahne schreibt. Die Zahl derer, die ihn beneiden, wächst ständig, je höher er auf der Leiter von Ruhm und Macht aufsteigt. Das vorläufige Verstummen des Kriegsgetöses (mit der Niederlage der böhmischen Stände endet der Krieg nicht, bald bricht er erneut aus und dauert mit Unterbrechungen dreißig Jahre) nutzt Wallenstein hauptsächlich dazu, seine Position wirtschaftlich zu stärken. In den Jahren nach der Schlacht am Weißen Berg, als die protestantischen Güter konfisziert werden, während ihre Besitzer emigrieren, als man die böhmischen Länder verschärft rekatholisiert und in ihren Rechten beschneidet, entwickelt er eine Raubgier, für die es in der Geschichte kaum Beispiele gibt.

Er schließt 1623 eine zweite Ehe mit Isabella, der Tochter des Freiherrn Karl von Harrach. Die erste Ehe hat ihm Reichtum eingebracht, die zweite sichert ihm politischen Einfluß, denn sein Schwiegervater gehört zum intimsten Kreis um Kaiser Ferdinand II. Beides, Reichtum und Einfluß, weiß Wallenstein zu vermehren.

Gemeinsam mit dem Regenten oder Statthalter

Fürst Karl von Liechtenstein und dem Grafen Paul von Michna bildet er ein Konsortium (im Kapitalismus würde man es Aktiengesellschaft nennen), das mit der Kriegsbeute und den konfiszierten Gütern handelt und auch Münzen prägt. Wallenstein zieht geschickt Nutzen aus der kaiserlichen Gunst, kauft beschlagnahmte Güter des protestantischen Adels auf, um sie zum Teil weiterzuverkaufen, erwirbt Besitzungen, indem er sie gegen die in Mähren von seiner ersten Frau Lucretia geerbten Güter eintauscht. In den Schoß fällt ihm auch das riesige Erbe der Smiřickýs, deren letzter männlicher Sproß Albrecht als führendes Mitglied des Ständedirektorats gestorben war. Durch Tausch oder Kauf rundet Wallenstein seinen Besitz ab, und so entsteht allmählich in Ostböhmen eine Enklave – das künftige Herzogtum Friedland –, das man terra felix (»glückliches Land«) nennen wird. In diesem Staat im Staate – mit eigener Verwaltung und Währung und mit der Hauptstadt Gitschin (Jičín) – herrscht Wallenstein über seine Untertanen ebenso hart und rücksichtslos wie andere Feudalherren, aber er schützt sie vor den Schrecken des Krieges, von denen die umliegenden Länder bald betroffen werden. Er baut das Gitschiner Schloß um, das durch einen Brand nach der Explosion des Pulverturms im Jahre 1619 zerstört worden ist, schafft die Loggia und den Park mit der herrlichen Lindenallee. Auf der Prager Kleinseite kauft er fünfundzwanzig Häuser auf, und an ihrer Stelle entsteht ein Palais im damals modernen Stil des Frühbarocks, ein Palais mit Innengarten, Reitschule und reich geschmückten Sälen und Zimmern. Auch wenn alle diese Bauten ein Werk italienischer Architekten und Künstler sind, tragen sie deutlich den

Stempel von Wallensteins Persönlichkeit, sie zeigen seine einzige hellere Seite.

Der frisch erworbene Reichtum muß mit entsprechenden Titeln und Prädikaten bekränzt werden. Und weil Ferdinand damit nicht geizt, wird Wallenstein erst Pfalzgraf, dann Fürst und schließlich Herzog von Friedland. Was kann sich der Sohn eines verarmten böhmischen Adligen mehr wünschen?

Doch Wallenstein ist nicht mehr arm, und sein Streben nach Besitz und Macht treibt ihn unaufhaltsam weiter. Er braucht vor allem Macht, gestützt auf militärische Stärke. Als der Krieg zwischen Protestanten und Katholiken in eine weitere, die sogenannte dänische Phase eintritt, bietet er dem Kaiser an, auf eigene Kosten ein Heer von zwanzigtausend Mann auszurüsten, das erfolgreich dem dänischen König Christian IV. und der protestantischen Union der deutschen Fürsten trotzen könne. Deren Truppen befehligt Ernst von Mansfeld, ein General, der ursprünglich unter den böhmischen Ständen gedient hatte. Ferdinand nimmt das Angebot mit Freuden an und ernennt Wallenstein zum Befehlshaber aller kaiserlichen Truppen im Reich und in den Niederlanden. Das wird er am 7. April 1625 im Alter von einundvierzig Jahren. Erst jetzt steigt sein Stern schnell in schwindelerregende Höhen ...

Die Werbetrommeln in ganz Europa locken von überallher erfahrene Offiziere und Landsknechte herbei, von fetter Beute und gutem Sold angezogen, aber auch Kleinbauern und Landlose, Vertriebene und Enterbte, die sich nach Abenteuern und einem besseren Leben sehnen. Der neue Heerführer enttäuscht keinen. Er zahlt mehr als andere, vermag hervorragend die Beschaffung von Munition, Verpflegung,

Pferdefutter und Ausrüstung zu organisieren, bietet gute Winterquartiere und genügend Marketenderinnen zum Vergnügen der Soldaten. Dafür verlangt er allerdings blinden Gehorsam und bestraft die geringste Verfehlung, wie wir noch sehen werden.

Die Geschichte von Wallensteins Eroberungen ist ausreichend bekannt. Es sei nur soviel gesagt: In den sechs Jahren seines ersten Generalats (1625–1630) gewinnt er eine einzige Schlacht – bei der Dessauer Brücke über die Elbe, wo er den General Mansfeld schlägt. Alles andere ist eine lange Reihe von taktischen Operationen und kleinen Scharmützeln, er manövriert geschickt und nimmt vom Feind verlassene Positionen ein. Ebenso wie sein Herzogtum schont Wallenstein seine Armee. Aber schon durch ihre Stärke (allmählich ist sie auf vierzigtausend Mann angewachsen), Zucht und Schlagkraft versetzt sie den Feind in Schrecken, der lieber kampflos um Frieden bittet wie der siebenbürgische Fürst Gábor Bethlen oder durch eine ungünstige Entwicklung der Lage dazu gezwungen ist wie der dänische König Christian IV. Und so hat Wallenstein Ende der zwanziger Jahre Schlesien, die Lausitz, Brandenburg, Pommern und die Hansestädte an der Ostsee fest in seiner Hand – praktisch beherrscht er ganz Deutschland. Er beabsichtigt, eine Flotte auszurüsten, die mit der niederländischen konkurrieren kann. Der Kaiser ernennt ihn zum »General des baltischen und des ozeanischen Meeres«, ernennt ihn zum Herzog von Mecklenburg, zum Herzog von Sagan und Glogau. Nach dem Erwerb dieser Herrschaften ist Wallenstein der reichste Magnat im ganzen Reich, seine Hofhaltung in Gitschin und auf der Prager Kleinseite kann sich mit der kaiserlichen messen. Er hat eine ergebene

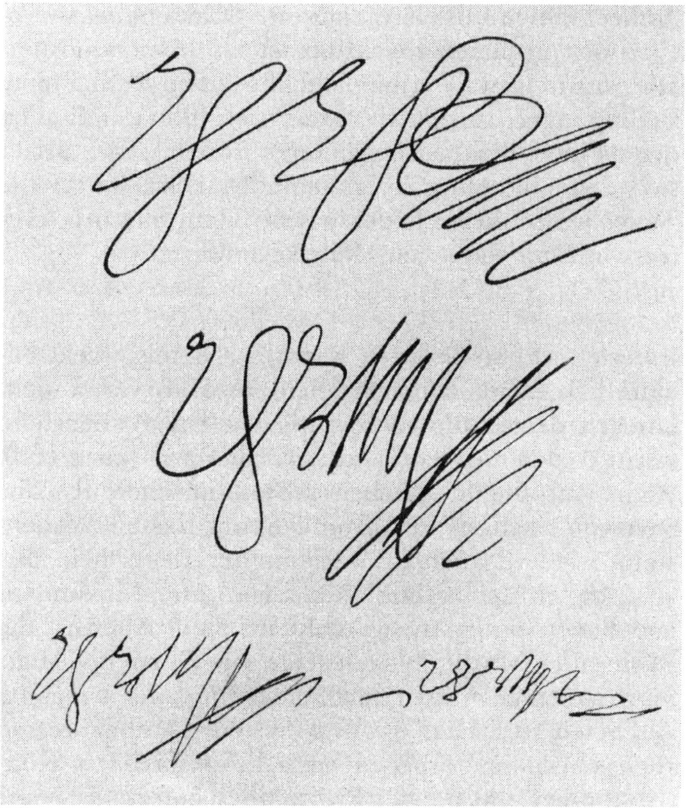

Handschrift Wallensteins

Armee, fähige Offiziere und gute Soldaten, was wohl ein noch größerer Reichtum ist als irdische Güter: Die Waffengewalt ermöglicht ihm, dem Feind seine Bedingungen zu diktieren und sich allmählich auch den Willen des Kaisers unterzuordnen. Aber als er sich fast auf dem Gipfel befindet, stürzt er in die Tiefe, wo schließlich der irische Hauptmann Devereux mit der tödlichen Hellebarde wartet.

Zorn ist ein schlechter Ratgeber. Erfolg weckt bekanntlich Neid, der sich leicht in Haß verwandelt. Und ist der Erfolg so gewaltig wie bei Wallenstein, weckt er den entsprechenden Neid. Damit auch Haß. Nicht nur die feindlichen protestantischen Kurfürsten von Sachsen und Brandenburg hassen Wallenstein, sondern auch die katholischen deutschen Fürsten, die in der katholischen Liga unter Maximilian von Bayern zusammengeschlossen sind. Allen ist die wachsende Macht Wallensteins ein Dorn im Auge, man ist empört über das souveräne und arrogante Auftreten des Herzogs und besonders über dessen rücksichtsloses Vorgehen beim Eintreiben von Kontributionen und bei der Proviantbeschaffung für eine so riesige Armee, die auf ihren Gebieten stationiert ist, ihre Speicher leert, ihre Untertanen zu Bettlern macht und deren Frauen und Töchter vergewaltigt.

Die allgemeine Unzufriedenheit über den Herzog, von Hofintrigen genährt und aus Böhmen unterstützt, durch Zdeněk Popel von Lobkowitz, Graf Wilhelm Slawata und weitere katholische Herren, gipfelt im Jahre 1630 auf dem Kurfürstentag zu Regensburg. Der Kaiser verlangt von den Kurfürsten die Wahl seines Sohnes Ferdinand (der Dritte dieses Namens) zum römischen König, also zum Kaiser. (Die Nachfolge in den Ländern der böhmischen Krone und in Ungarn hat er ihm schon durch die erneuerte Landesordnung aus dem Jahre 1627 gesichert, die das Recht der Stände zur Wahl des Königs einschränkt.) Die Kurfürsten sind einverstanden, aber sie stellen eine Bedingung – Wallensteins Absetzung. Ferdinand geht darauf ein.

Die letzten Jahre (1630–1634) gehören zweifellos zu den bemerkenswertesten, aber auch widersprüchlichsten im Leben Albrechts von Wallenstein. Deshalb beschäftigen sie alle seine Biographen am meisten. Man kennzeichnet sie durchweg als Zeit des Verrats, des Niedergangs und des Persönlichkeitsverfalls Wallensteins. Am Beginn dieser Periode steht Memmingen, am Ende Eger ...

In Memmingen wartet der Generalissimus der kaiserlichen Armee auf das Ergebnis des Regensburger Kurfürstentages, weil die Kurfürsten aus Furcht, er könne den Kaiser beeinflussen, das Verbot seiner Teilnahme erzwungen haben. Ein Romanautor stellt Wallensteins Aufenthalt in dieser schwäbischen Stadt so dar: Der Herzog sitzt in einer Kutsche, die von sechs weißen spanischen Hengsten gezogen und von sechshundert Mann Leibwache begleitet wird, er ist noch einer der mächtigsten Herren Europas, der Sieger über Mansfeld und Christian, zwar ein Mann mit angegriffener Gesundheit, aber ein stolzer und selbstbewußter Mann, der Herr über Krieg und Frieden, der grenzenlose Verehrung und Bewunderung genießt. In Eger hingegen, eigentlich schon vorher, während des Aufenthalts in Pilsen, ist Wallenstein nur noch ein elendes Wrack, ein Schwächling, durch körperliche Leiden gebrochen und vom Aberglauben verwirrt, von titanischen Racheplänen und Größenwahn getrieben, ein scheuer Verräter und törichter Intrigant. Auf dem Weg nach Eger sitzt er in einer Sänfte, begleitet von nur wenigen hundert Soldaten.

Auch in anderer Hinsicht ist der Vergleich Memmingen – Eger bemerkenswert. In Memmingen reitet an der Spitze von Wallensteins stolzem Geleitzug der Oberst Octavio Piccolomini als einer der größten Bewunderer des Herzogs. Später ist dieser ehrgeizige Italiener – als General von Wallensteins Kavallerie – der Verfasser einer umfangreichen Denunziation, in der er seinen Feldherrn des Verrats und der Ränke gegen den Kaiser bezichtigt, wofür er die Gnade erhält, im geheimen (gemeinsam mit Gallas und Aldringen, einem weiteren Wallensteinschen General) die Gefangennahme oder Ermordung des Herzogs vorzubereiten. Er bevorzugt die zweite Variante.

Wallenstein zieht sich nach der Entlassung für einige Zeit zurück, widmet sich der Verwaltung seiner Herrschaften (auf das Herzogtum Mecklenburg muß er verzichten, aber die anderen hat ihm der Kaiser gelassen), fördert Landwirtschaft und Industrie, vollendet den Umbau Gitschins und kann endlich auch etwas für seine Gesundheit tun. Noch im Herbst 1630 reist er nach Karlsbad, um hier mit heißen Bädern und dem Trinken von Heilbrunnen alle Schmerzen und Krankheiten aus dem Körper zu treiben. Um ihn sorgen sich drei Ärzte und unzählige Diener und Bader. Aber weder hier noch in seinen Gemächern im Prager Palais oder im Gitschiner Schloß kann er den Regensburger »Affront« vergessen, die schimpfliche Kränkung, die ihm der undankbare Kaiser und der verhaßte Maximilian von Bayern zugefügt haben. Schmerzanfälle wechseln mit Wutausbrüchen, ihn schreckt das geringste Geräusch, und er hat Beklemmungen. Schon in Memmingen ertrug er keinen Lärm, so daß die Glocken nicht läuten durften, ihn reizte Hundegebell und Hahnengeschrei. Vor allem nagen in seinem Inneren das Gefühl, Unrecht erlitten zu haben, und gekränkte Eitelkeit. Er lauert auf eine Gelegenheit, um sich zu rächen.

Diese bietet sich bald. Die Ereignisse entwickeln sich zu seinen Gunsten. Der schwedische König Gustav Adolf dringt mit einem mächtigen Heer in Pommern ein, erobert eine Stadt nach der anderen und besiegt in der Schlacht bei Breitenfeld in der Nähe von Leipzig das kaiserliche Heer, das vom ehemaligen General der katholischen Liga, dem wallonischen Adligen Johann Tserclaes Tilly befehligt wird. Obendrein werden Westböhmen und Prag von sächsischen Truppen unter General Arnim besetzt. Weitere Scheite ins Feuer legen die Niederländer und vor allem Kardinal Richelieu, der führende Staatsmann des katholischen Frankreich, der voller Bedacht eine antihabsburgische Politik betreibt. Das alles läßt Wallenstein nicht ruhig schlafen. Nach Prag und nach Gitschin reiten Emissäre des schwedischen Königs, die böhmischen Emigranten Jaroslav Sezyma Rašín von Riesenburg und Johann von Bubna, mit dem Angebot eines Bündnisses und vielleicht auch der böhmischen Krone. (Diese Möglichkeit deutete ihm Rašín schon früher in Opočno an, wo Wallenstein an der Taufe seines Neffen teilnahm; Graf Adam Třcka von Lipa, einer der reichsten böhmischen Adligen, hatte Maximiliane von Harrach geheiratet, eine jüngere Schwester von Wallensteins Gattin Isabella.) Wallenstein lehnte dieses Angebot noch ab. Er wußte wohl, daß er ohne Armee völlig machtlos war.

Nach Breitenfeld und weiteren Niederlagen bleibt Ferdinand nichts übrig, als zu Kreuze zu kriechen. Noch Ende 1631 überträgt er Wallenstein wieder das Oberkommando, und er geht auf alle Bedingungen des Herzogs ein, einschließlich der Vollmacht, Waffenstillstand nach eigenem Ermessen schließen zu dürfen. Das Verlangen nach Rache scheint gestillt zu sein – der Kaiser mußte ihn bitten, sein Reich zu retten.

Wallenstein übernimmt das Oberkommando, Soldaten strömen zu Hauf herbei, bald steht er an der Spitze eines Heeres von zwanzigtausend Mann, und die Feinde, Sachsen und Schweden, weichen schon zurück, wenn sie seinen Namen hören. Sogar der sieggewohnte Gustav Adolf verliert seine Sicherheit. Aber jetzt geschieht etwas Seltsames. Wallenstein vermeidet eine größere Schlacht und knüpft sogar enge Kontakte zum Feind. Das geschieht mit Hilfe von Bubna und Heinrich Matthias von Thurn (ein weiterer böhmischer Emigrant, der schwedischer General geworden ist). Graf Wilhelm Kinsky, der in der Emigration am Hofe des sächsischen Kurfürsten in Dresden lebt, sondiert auf Wallensteins Weisung die Möglichkeit eines Bündnisses mit Frankreich in Geheimgesprächen mit dem französischen Gesandten, dem Marquis de Feuquières. Wallenstein verschont das sächsische Heer und das Land Sachsen, weil Arnim das Herzogtum Friedland und das herzogliche Palais in Prag verschont hat, dafür läßt er den bayrischen Kurfürsten zur Ader; dem beunruhigten Kaiser teilt er mit, daß er wegen eines Waffenstillstands verhandele. Und plötzlich unterbricht er alle Verhandlungen und schlägt bei Lützen in Sachsen eine blutige Schlacht (16. November 1632), wo der schwedische

König Gustav Adolf fällt, aber auch Wallenstein schwere Verluste erleidet. Seine Wut kennt keine Grenzen, besonders hart bestraft er sechzehn Offiziere, die im Kampf den Kopf verloren und flüchteten. Im Februar 1633 läßt er sie in Prag auf dem Altstädter Ring hinrichten. Scharfrichter ist derselbe Jan Mydlář, der hier im November 1621 siebenundzwanzig böhmischen Herren den Kopf abschlug.

Nach der Schlacht bei Lützen bleibt die kaiserliche Armee lange untätig, sie zieht nach Schlesien, wodurch sie Bernhard von Weimar, dem neuen Befehlshaber der schwedischen und der protestantischen deutschen Truppen, die Gelegenheit bietet, ohne Widerstand den größten Teil Deutschlands und schließlich sogar Regensburg zu besetzen. Kurfürst Maximilian von Bayern bittet Wallenstein vergeblich um Hilfe, vergeblich redet ihm der Kaiser persönlich zu. Der Generalissimus läßt sie im Stich. Er nimmt die Verhandlungen mit den Schweden wieder auf, der Kanzler Oxenstierna bietet ihm 1633 durch Bubna erneut die böhmische Krone an, wenn er offen gegen die Habsburger auftreten sollte. Diesmal geht Wallenstein darauf ein, wenn auch nur in verschwommenen Andeutungen. Er schließt einen Waffenstillstand, versichert aber dem Kaiser seine Ergebenheit und erklärt, daß er um Frieden in Europa verhandele. In Wien wachsen jedoch die Unzufriedenheit und das Mißtrauen. Wallensteins Ansehen beginnt bedenklich zu schwinden. Und so greift Wallenstein im Oktober 1633 beim schlesischen Steinau mit großem Pomp einige von General Thurn befehligte Regimenter der Schweden und der böhmischen Emigranten an. Einen Monat später meldet er dem Kaiser, daß er einen Feldzug plane, um Regensburg zu befreien und die Schweden aus dem Reich zu jagen. Es bleibt jedoch beim Versprechen, er schlägt das Heerlager bei Pilsen auf und beginnt endlich zu handeln. Sein Plan sieht so aus: Er will den Habsburger vom Thron stürzen, die Jesuiten aus dem Lande vertreiben und Maximilian von Bayern vernichten. Und vertraulich erklärt er böhmischen Emigranten, daß er dann auch gern die Krone des heiligen Wenzel annehmen würde. Ihnen bleibt nichts übrig, als das zu glauben, er ist nämlich ihre letzte Hoffnung, die konfiszierten Güter und ihre einstige Macht wiederzuerlangen …

Doch es ist schon zu spät. Seit Dezember 1633 haben der Kaiser und sein geheimer Kriegsrat die Initiative in die Hand genommen. Ihn unterstützen Wallensteins Generäle, die Jesuiten, der bayrische Kurfürst, die böhmischen Herren Schlick, Lobkowitz und Slawata und Dutzende andere Feinde Wallensteins. Sie alle wollen sein Verderben. Er muß jedoch verurteilt werden, ehe die Krankheit sein Leben beendet – man konfisziert nicht die Güter eines Mannes, der eines natürlichen Todes gestorben ist. Das Herzogtum Friedland, die riesigen Besitzungen der Trčkas und der Grafen Kinsky, all dieser maßlose Reichtum, den der Kaiser gewiß unter seinen treuen Dienern aufteilen wird, lohnen das bißchen Mühe, geschickt ein Lügennetz aus falschen Beschuldigungen und Halbwahrheiten zu spinnen, ein Lügennetz, in dem sich schließlich auch ein so großer Goldfisch wie Wallenstein verfängt. Und mit ihm seine reichen Mitverschworenen. Deshalb mußte es zu dem blutigen Sonnabend in Eger kommen.

LETZTE DIAGNOSE. Keiner der Mörder und ihrer Hintermänner konnte sich an irdischen Gütern mit dem Herzog von Friedland messen, der Kaiser eingeschlossen, ihm soll Wallenstein für seinen Geleitzug nach Regensburg 600000 Taler beigesteuert haben. Keiner war so schlau und hinterlistig wie Wallenstein, keiner besaß sein Organisationstalent, und trotzdem triumphierten sie über ihn. Im Unterschied zu ihm brauchten sie nicht den Verlust ihres Besitzes zu befürchten – sein gewaltsamer Tod ermöglichte im Gegenteil die Konfiskation eines riesigen Vermögens – und vor allem erfreuten sie sich guter Gesundheit.

Hauptsächlich daran gebrach es Wallenstein. »Fast vier Wochen lang«, schreibt Radovan Šimáček in seinem Roman, »war der oberste Befehlshaber des kaiserlichen Heers schon ans Bett gefesselt, er hatte einen schweren Anfall von Podagra, das ihn lähmte und ihm die Erfüllung seiner Aufgaben erschwerte. Der Herzog von Friedland durfte freilich seine Pflichten nicht vernachlässigen, denn überall lauerten Neider, die ihm die Gunst des Kaisers und die Titel rauben wollten, all das, was er mit größter Anstrengung erworben hatte. Das wird er niemals zulassen. Sobald ihn diese verfluchte Krankheit nicht mehr plagt ...«

Diese treffende Schilderung zeigt den Gesundheitszustand Albrechts von Wallenstein in der Zeit vor Regensburg. Später verschlimmerte sich die Krankheit ständig, starke Schmerzen, besonders in den Beinen, hinderten ihn am Laufen. Noch bei Lützen hatte er es geschafft, während der Schlacht auf dem Pferd zu sitzen, aber zum Pferd mußte er getragen werden. Und so sagte er Anfang Januar 1634, knapp zwei Monate vor seinem Tode, zu dem spanischen Jesuiten Quiroga, er würde das stärkste Gift nehmen, wenn er nicht die Hölle und die Teufel fürchtete. Wallenstein waren sowieso nur noch wenige Wochen Leben vergönnt gewesen.

An welcher Krankheit litt Wallenstein?

In zeitgenössischen Quellen wird sie als Gicht bezeichnet. Das haben alle Biographen übernommen. Golo Mann läßt Wallensteins letzte Apothekerrechnung analysieren. Sie enthält meist Abführmittel und harntreibende Mittel. Allerdings behandelte man damit im siebzehnten Jahrhundert viele Krankheiten. Sicherlich nahm er auch weitere Medikamente, von denen wir nichts wissen, Wallenstein konnte sich die besten Ärzte seiner Zeit leisten.

Licht in die Frage einer richtigen Diagnose brachte erst 1975 die anthropologische Untersuchung von Wallensteins sterblichen Überresten durch Dr. Emanuel Vlček. Der Befund wurde ein Jahr später veröffentlicht.

»Albrecht von Wallenstein litt sein ganzes Leben lang«, führt Vlček aus, »genauer seit dem Jahre 1604, nachdem er sich mit der sogenannten ungarischen Krankheit infiziert hatte, an einer ungenügend behandelten Syphilis, die im letzten Jahrzehnt seines Lebens zur Entstehung von Tabes dorsalis führte.

Den Beweis liefern eine monostische syphilitische Periostitis mit typischer starker Eburnisierung und Kompaktae vor allem beider Tibiae mit Anzeichen von sogenannten Säbelbeinen bei auffälliger Verengung der Knochenmarkhöhlung. Die verdichtete Kompakta der Christa anterior beider Tibiae trägt einen längs verlaufenden blaugrauen Streifen bis zu 6 mm Breite, der die ursprüngliche Kompakta von der neugebildeten abgrenzt.

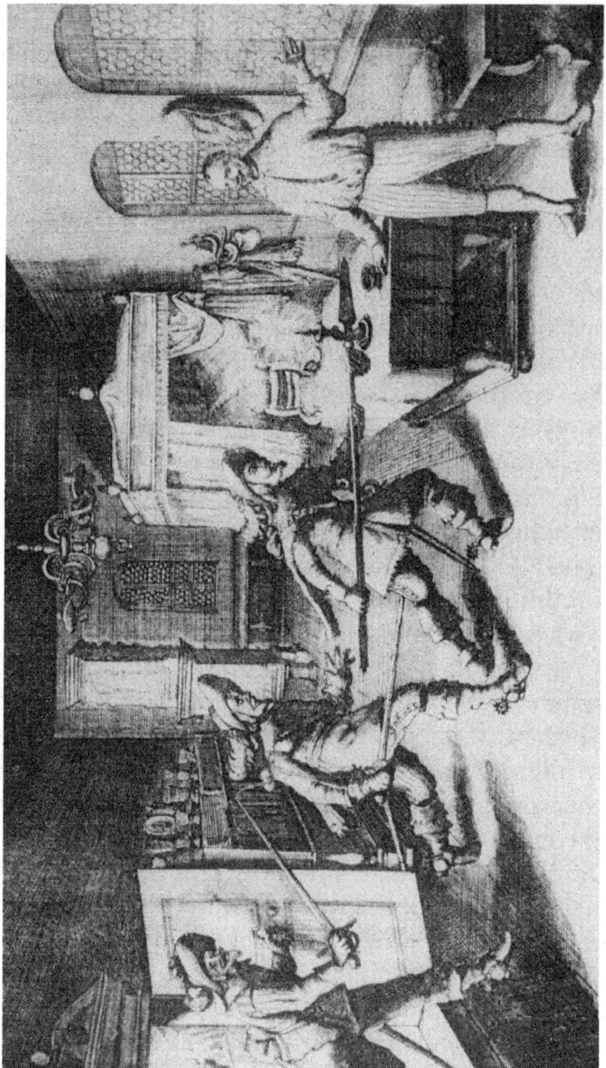

Ermordung Wallensteins

Typisch ist auch die Abflachung in beiden Kniegelenken, die vor allem an den Epikondylen beider Femuren deutlich ist. Dieser Befund am Skelett korrespondiert mit den gut bezeugten Beschwerden beim Laufen bis zur Gehunfähigkeit in den letzten Lebensjahren Albrechts von Wallenstein. Ähnlich läßt sich auch die mehrfach erwähnte Lähmung der Hand im letzten Lebensjahr erklären, wo er nicht einmal imstande war, Urkunden und Briefe zu unterschreiben. Daher die Veränderungen im graphologischen Bild von Wallensteins Handschrift.

Die enorme Leistungsfähigkeit und Tatkraft des Herzogs in den ersten Jahren der Entstehung des tertiären Krankheitsstadiums kann man als Folge des Irritationsstadiums dieser Krankheit deuten. Umgekehrt führte die lange Wirkung der Noxe auf den Organismus schließlich zur Zerstörung der Abwehrkräfte desselben, die zur damaligen Zeit nicht durch eine wirksame Behandlung unterstützt werden konnten. Wiederholte Quecksilberkuren konnten das Fortschreiten der Krankheit nicht aufhalten. Auf den physischen Zusammenbruch Albrechts von Wallenstein folgte unmittelbar auch der psychische und damit der Zusammenbruch der gesamten Persönlichkeit des Herzogs.

Die festgestellten Veränderungen an der Oberflächenstruktur beider Tibiae erklären das Entstehen trophischer Geschwüre an den Füßen, die von Chronisten für das letzte Lebensjahr Wallensteins bezeugt werden.

Wiederholt wird eine auffällige Blässe beschrieben, die graue bis schwarze Gesichtsfarbe beweist die Behandlung mit Quecksilber und die sich daraus ergebende dauerhafte Anämie.

Von Nebenbefunden ist die subluxative Stellung der Oberschenkelhalsknochen zu erwähnen.

An den Überresten des Skeletts und an den erhaltenen Zehengliedern finden sich keine Spuren kleiner Ossifikationen, die typisch für Gicht sind.«

Soweit der Bericht von Doktor Emanuel Vlček.

Die darin aufgeführten Fakten, wenn auch ein bißchen durch die übliche medizinische Terminologie chiffriert, besagen eindeutig, daß es sich nicht um Gicht, Podagra oder Rheumatismus handelte, wie man früher meinte, sondern um eine ungenügend behandelte Geschlechtskrankheit. Syphilis war damals eine sehr häufige Krankheit, und bei Soldaten besonders. Selten war nur die Bezeichnung »ungarische Krankheit«, gewöhnlich hieß sie morbus gallicus – »französische Krankheit«. Diese Benennung stammt aus dem Ende des fünfzehnten Jahrhunderts (1498), als sich bei der Belagerung von Neapel spanische, französische und italienische Armeen trafen. Die Prostituierten (vornehm Marketenderinnen genannt), damals unentbehrliche Begleiterinnen aller Kriegslager, gingen von einem Lager zum anderen und übertrugen so von den Spaniern – sie waren frisch mit Syphilis infiziert, die aus Amerika von der Mannschaft des Kolumbus mitgebracht worden war – die Krankheit auf die Franzosen. Und die abziehende Armee des französischen Königs Karl VIII. verbreitete sie auf dem ganzen Weg von Neapel bis nach Frankreich. Daher die Bezeichnung »französische Krankheit«. Damals war sie neu, nach 1600 war sie es schon nicht mehr. Bei Wallenstein handelte es sich offenbar um eine luetische Infektion, die im Primärstadium nicht behandelt wurde, und als das schließlich doch geschah, war es schon zu spät.

Trotzdem muß man zu einigen Feststellungen Vlčeks etwas anmerken.

Der große ökonomische und militärische Aufstieg Wallensteins wurde schwerlich durch das »Irritationsstadium« einer Krankheit verursacht. Er liegt begründet in Wallensteins genialer Organisationsgabe, die mit Aggressivität gepaart war, beruht auf seinen Charaktereigenschaften, notwendigerweise auch auf seiner hohen Intelligenz. Das war übrigens im Geschlecht der Waldsteins keine Seltenheit. Für eine Quecksilberbehandlung finden wir in Wallensteins Arzneiverzeichnis keine Beweise, obwohl sie nicht auszuschließen ist. Dagegen ist Tabes dorsalis sehr wahrscheinlich, einschließlich trophischer Geschwüre (er benutzte lindernde Salben) und trophischer Knochenveränderungen (er war zur Kur in Karlsbad). Die beschriebenen Schmerzen waren zweifellos lanzinierende Knochenschmerzen, eventuell gastritische Krisen, die bei Kranken mit Rückenmarksbeschwerden syphilitischen Ursprungs häufig auftreten.

Aber das alles erklärt nicht die psychische Zerrüttung Wallensteins in den letzten Lebensjahren, begleitet von Unentschlossenheit und Schwäche, also Eigenschaften, die man vorher bei ihm nicht kannte. Das erklärt auch nicht den merkwürdigen Haß auf Ferdinand II. und Maximilian von Bayern, denen er den »Regensburger Affront« nicht vergessen konnte, obwohl ihm völlige Genugtuung geschah.

Das eine wie das andere läßt sich jedoch gut auf eine andere metaluische Erkrankung zurückführen, nicht des Rückenmarks wie Tabes dorsalis, sondern des Gehirns – auf progressive Paralyse. Für diese früher so häufige Geisteskrankheit sind Verfolgungs- und Größenwahn kennzeichnend. Dafür ist Wallenstein geradezu ein Lehrbeispiel. Typisch paranoisch war seine Haltung gegenüber Kaiser Ferdinand II. und dem Kurfürsten von Bayern. Im Gegensatz dazu steht seine verblendete, unverbrüchliche Vertrauensseligkeit gegenüber General Arnim, obwohl dieser listige Befehlshaber der sächsischen Truppen, der geschickt die Karten der Reichspolitik mischte, mehrmals Wallensteins Pläne durchkreuzte und indirekt auch zum Fiasko des geplanten Abfalls vom Kaiser beigetragen hat. Und absolut unkritisch war auch Wallensteins Größenwahn, der zu krankhafter Selbstüberschätzung führte, der Herzog fühlte sich als allmächtiger Titan, als »arbiter mundi«, der alles vermochte, wenn er nur wollte – die Staatsgrenzen verändern, Konstantinopel für die Habsburger erobern oder diese aus Österreich bis hinter die Pyrenäen verjagen. Unentschlossenheit und Schwäche waren auch ein Ergebnis seiner wechselnden Stimmungen, einer für Paralytiker typischen Erscheinung. Man weiß, daß Wallenstein nach heftigen, unberechenbaren Wutausbrüchen, bei denen alle vor ihm zitterten, in Apathie und Ohnmacht verfiel. Und ein ebenso typisches Merkmal progressiver Paralyse war Wallensteins Gefühlsarmut im Verhältnis zu Freunden und zu seiner Familie, das heißt zu seiner Frau und seiner Tochter (sein Sohn Karl starb mit kaum drei Monaten, wahrscheinlich an angeborener Syphilis, vielleicht auch an Pneumonia alba, denn er kränkelte seit der Geburt).

Bisher haben wir uns an Fakten gehalten, aber in diesem Falle verlockt es uns geradezu, auch ein »wenn«, »vielleicht« oder »möglicherweise« auszusprechen.

Ohne diese Geisteskrankheit hätte Wallenstein an seinem Lebensende kaum so seltsam, unentschlossen und töricht gehandelt, daß sein Verderben unvermeidlich war. Voraussicht und Nüchternheit bei der Beurteilung einer Situation waren ja gerade Wallensteins charakteristische Eigenschaften, die sich so oft bei militärischen Operationen und wirtschaftlichen Unternehmungen bewährt hatten. Und ohne diese Geisteskrankheit wäre er auch nicht nach dem Regensburger Kurfürstentag der unrealen Möglichkeit, sich am Kaiser zu rächen, oder der Chimäre der böhmischen Krone nachgejagt. Vielmehr hätte er sich in Diensten des Kaisers bemüht, seine ausgedehnten Besitztümer zu erweitern und wirtschaftlich zu festigen.

Es wäre in Böhmen auch nicht zur zweiten Konfiskation gekommen, die in ihren Folgen für das tschechische Volk noch schlimmer war als die erste nach der Schlacht am Weißen Berge. Die beschlagnahmten Besitzungen und Güter Albrechts von Wallenstein und seiner ermordeten Freunde Adam Erdmann Trčka und Wilhelm Kinsky wurden vom Kaiser an fremde Adlige verteilt, an alle diese Gallas, Piccolomini, Aldringen, Tiefenbach, Colloredo, Caretto, Gordon, Deveroux oder wie sie hießen. Und mit ihnen kamen die Jesuiten, die gewaltsam ganze Dörfer rekatholisierten. Der soziale Druck, besonders auf die Landbevölkerung, verstärkte sich – es entstanden die Verhältnisse, die später als finstere Epoche der tschechischen Geschichte bezeichnet wurde.

Napoleon

… ich sterbe vorzeitig, ermordet von der englischen Oligarchie und ihren gedungenen Meuchlern …

… ich wünsche, daß meine Asche an den Ufern der Seine inmitten des französischen Volkes ruht, das ich so geliebt habe …

Aus Napoleons Testament

Die Geschichtsschreibung, namentlich die ältere, betrachtet zuweilen ein Ereignis, einen Zeitabschnitt, eine Person unter zwei verschiedenen Gesichtspunkten: voreingenommen (manchmal scheinbar) und unvoreingenommen (meist scheinbar). Die Wahrheit liegt gewöhnlich in der Mitte.

Dichtung und Wahrheit – so geistreich und gleichzeitig wahr nannte Goethe seine Autobiographie.

Mit Wahrheit und Dichtung, Tatsachen und Legenden haben wir es auch ständig zu tun, sobald wir uns gründlicher mit Napoleon Bonaparte befassen. Es hängt davon ab, woher die Informationen stammen. Franzosen, Engländer, Deutsche, Russen – jeder urteilt anders über ihn. Es ist ein Unterschied, ob man Napoleon im Lichte seiner Zeit sieht, die ihn »hervorgebracht« hat, oder ob man gegenwärtige Standpunkte auf die Vergangenheit überträgt.

Niemand wird jedoch Napoleon historische Größe absprechen. Man kann höchstens einwenden, daß er mehr als Glück hatte: Ohne die Große Französische Revolution wäre er zweifellos ein unbedeutender Offizier geblieben, ohne den Stillstand dieser Revolution und die Unfähigkeit des Direktoriums hätte er niemals die absolute Macht erringen können, ohne seine Beliebtheit bei den Soldaten ... und so weiter.

Napoleon war, darin sind sich seine Bewunderer und Gegner einig, ein echtes militärisches Genie. Er war ein außergewöhnlich gebildeter Mann, und zwar nicht nur auf seinem Gebiet. Er besaß ein phänomenales Gedächtnis. Als man ihn als jungen Offizier einmal ins Militärgefängnis gesteckt hatte, fand er dort zufällig einen alten Band über römisches Recht. Er las ihn von Anfang bis Ende, und später, nach fast fünfzehn Jahren, verblüffte er berühmte französische Juristen, indem er auf den Sitzungen der Kommission, die den berühmten Code Napoléon ausarbeitete, aus den römischen Digesten zitierte. Er besaß eine bewundernswerte Urteilskraft und Kombinationsgabe.

Im Zeichen des Glückssterns. Die korsische Familie Bonaparte (ursprünglich Buonaparte) gehörte zwar zu den angesehenen, alten korsischen Geschlechtern, war jedoch arm. Napoleons Vater Carlo Buonaparte war Advokat in der Stadt Ajaccio. Seine Gattin Lätitia, eine geborene Ramolino, schenkte ihm fünf Söhne und drei Töchter.

Napoleon wurde in Ajaccio am 15. August 1769 geboren. Mit elf Jahren besuchte er die Militärschule in Brienne, und mit siebzehn wurde er schon zum Artillerieleutnant befördert. Er soll sich besonders in Mathematik ausgezeichnet haben.

Obwohl von Anfang an sein militärisches Talent unbestritten war, wären unter der Bourbonenherrschaft immer Pariser Adelssöhne bevorzugt worden – ein kleiner korsischer Adliger galt damals sehr wenig.

Da brach die Große Französische Revolution aus, die auch in seinem Leben einen tiefen Einschnitt bedeutete. Preußen und England erklärten Frankreich den Krieg. Die Engländer machten die Hafenfestung Toulon zu einer Bastion der Royalisten. Die republikanische Armee belagerte die Stadt lange erfolglos.

Den Belagerern schickte man Napoleon zu Hilfe.

Es gelang ihm, Toulon zu erobern, und er wurde Brigadegeneral. Der Name Napoleon bekam allmählich Klang. Aber gar so leicht war es für Napoleon wiederum nicht. Robespierre stürzte, zu ihm hatte der frisch ernannte General in Beziehungen gestanden (die nicht näher definiert werden, aber offenbar politisch waren, weil man Napoleon anfangs als »Robespierre auf dem Pferd« bezeichnete), und seine Karriere wurde gestoppt. Napoleon wurde sogar verhaftet und kurze Zeit gefangengehalten.

Es folgte eine weitere Enttäuschung: Der Wohlfahrtsausschuß befahl ihm, den Aufstand in der Vendée niederzuwerfen. Als jedoch der junge (fünfundzwanzigjährige!) General feststellte, daß man ihm eine Infanteriebrigade gegeben hatte, obwohl er ein ausgezeichneter Artillerist war, kam es zu einer heftigen Auseinandersetzung zwischen ihm und einem Ausschußmitglied – und Napoleon bat um seine Entlassung.

Fast zwei Jahre lang lebte der General Bonaparte von einer sehr kärglichen Pension, oft wurde sogar das Mittagessen zu einem Problem.

Dann wendete sich das Blatt: Im Oktober 1795 wurde ihm während des Aufstands der Royalisten der Oberbefehl in Paris anvertraut, und Napoleon hatte Erfolg. Er heiratete die schöne Kreolin Josephine, die zwar sechs Jahre älter war als er, aber die Liebe seines Lebens blieb, auch wenn er sich später von ihr trennte. Bald darauf gab man ihm den Oberbefehl über ein Heer, das nach Italien gegen die Habsburger zog.

Jetzt begann sein Aufstieg.

Er führte seine Truppen von Sieg zu Sieg. Das verdankte er nicht nur seiner Begabung, sondern auch seiner unerschütterlichen Energie und seinem immensen Fleiß – er schlief höchstens fünf Stunden täglich – und vielleicht auch seinem angeborenen Selbstbewußtsein.

Die französische Republik war zu der Zeit stark bedroht – durch innere und äußere Feinde. Die inneren Feinde waren vor allem Bauern in der Bretagne und der Vendée. Ihr konterrevolutionärer Aufstand wurde jedoch bald niedergeschlagen. Zu den äußeren Feinden der Republik gehörte in erster Linie Österreich. Gegen Österreich wurden drei Armeen gesandt, zwei nach Deutschland und eine nach Italien. Den Oberbefehl über die italienische Armee, die am schlechtesten ausgerüstet war, hatte Napoleon. Sein Feldzug endete mit einem großen, unerwarteten Sieg, während sich beide »deutsche« Armeen keiner Erfolge rühmen konnten. Napoleon war nach Hannibals Vorbild über die Alpen in die oberitalienische Tiefebene gezogen. Sehr schnell schlug er die verbündeten österreichischen und sardinischen Armeen bei Montenotte, Dego und Millesimo. Der sardinische König Viktor Amadeus, der in Piemont herrschte, war zum Friedensschluß gezwungen, und Napoleon wurde Herr des Gebietes um Mailand. Der fähigste österreichische General Wurmser hatte sich in Mantua verschanzt, wo er auf Hilfe wartete. Aber die Armee, die man zum Entsatz schickte, wurde von Napoleon bei Arcole besiegt. In die Legende ging ein, wie er über die Brücke von Arcole ritt, an der Spitze seines erst zögernden Heeres, die Trikolore schwenkend. Mantua ergab sich. Es kapitulierten alle Feinde der französischen Republik – der österreichische Kaiser Franz, Papst Pius VI., der König von Sizilien und alle anderen. Im Friedensvertrag von Campoformio wurden die Cisalpinische Republik (in der oberitalienischen Tiefebene) und die Ligurische Republik (um Genua) geschaffen. Beide befanden sich natürlich unter direktem französischem Einfluß.

Soldaten, auf euch blicken vier Jahrtausende. Es folgte der berühmte Feldzug nach Ägypten, um England zu schwächen, den Hauptfeind der französischen Revolution. Bei der Expedition nach Ägypten besetzte Napoleon die Insel Malta, wo schon dreihundert Jahre lang die Malteserritter herrschten. Napoleon siegte zwar und gelangte bis nach Syrien (sein Ausspruch bei den ägyptischen Pyramiden: »Soldaten, auf euch blicken vier Jahrtausende!« wurde zum geflügelten Wort), aber eine Pestepidemie zwang ihn zur Rückkehr. Trotz des Lorbeers blieb Napoleons ägyptische Expedition militärisch und politisch ohne großen Nutzen, sie hatte allein einen kulturellen Effekt. Mit den Truppen waren auch hervorragende französische Gelehrte nach Ägypten gezogen, die Bauwerke untersuchten und Material zur Entzifferung der ägyptischen Hieroglyphenschrift sammelten, was dann Champollion gelang. Es wurde die Grundlage zu einem neuen, berühmten Wissenschaftszweig gelegt – der Ägyptologie.

Der militärische Ruhm genügte Napoleon nicht. Zudem sah er nach seiner Rückkehr aus Ägypten, daß die Früchte seiner italienischen Siege verkamen, und im übrigen wollte er nicht mehr für das Direktorium siegen, »für diese Advokaten«, wie er sagte. Durch einen nicht nur militärisch, sondern auch diplomatisch bewundernswerten Schachzug gelang ihm am 9. November 1799 ein Staatsstreich. Das Direktorium wurde durch ein Konsulat ersetzt. Napoleon war der erste von drei Konsuln, er hatte natürlich die größte und praktisch die unbeschränkte Macht, 1802 wurde er Konsul auf Lebenszeit, und schließlich ließ er sich 1804 krönen – er wurde Kaiser.

Als Autokrat tat er sich nicht nur militärisch hervor. Es gelang ihm, die zerrüttete Wirtschaft zu sanieren, und er führte eine Reihe nützlicher Reformen durch. Er gab Frankreich ein bürgerliches Gesetzbuch, den Code Napoléon, das erste moderne bürgerliche Gesetzbuch der Welt, schuf eine vorzügliche Verwaltung, demokratisierte die Ämter, hob die Privilegien aufgrund der Geburt auf, gewährte Religionsfreiheit, unterstellte das Schulwesen, das bisher ausschließlich in den Händen der Kirche lag, dem Staat. Alle diese Reformen brachten dem aufstrebenden Bürgertum den größten Nutzen, während sich die Lage des vierten Standes nicht änderte. Aber im Vergleich zu dem feudalen Europa handelte es sich um einen unbestreitbaren Fortschritt. »Napoleon schlug dem Feudalismus so schwere Wunden«, schreibt Jewgeni Tarlé in seinem Buch »Napoleon«, »daß dieser sich nie mehr erholte, und darin liegt die fortschrittliche Bedeutung der historischen Ereignisse, die mit seinem Namen verbunden sind.« Es ist paradox, daß Napoleon einerseits die Ergebnisse der Französischen Revolution, die mit dem 9. Thermidor 1794, dem Sturz Robespierres, endete, zur Schaffung des Kaisertums nutzte, andererseits ihre für die damalige Zeit fortschrittlichen und demokratischen Ideen überall verbreitete, wohin er bei seinen Kriegszügen gelangte. Er schaffte Privilegien ab, sorgte für einen freien Handel, öffnete die Ghettotore, führte Religionsfreiheit und Gleichheit vor dem Gesetz ein.

Napoleon Bonaparte

Man kann ohne Übertreibung sagen, daß vieles, was wir heute in Frankreich vorfinden, den Stempel seines Geistes und seiner Energie trägt. Sogar die Direktive für die Pariser Oper!

Den europäischen Mächten war das verständlicherweise gar nicht recht. Eine antifranzösische Koalition löste die andere ab. Wieder wurde in Italien gekämpft, und Napoleon siegte bei Marengo (1800). Kurz darauf wurde ein Attentat auf ihn verübt. Es folgten Repressalien, die sich mehr gegen Republikaner als gegen Royalisten richteten, obwohl offenkundig die Rechte hinter dem Attentat gesteckt hatte. Eine weitere, diesmal unverhüllt royalistische Verschwörung unter Cadoudal (er stammte aus der Bretagne, die im revolutionären Frankreich wegen ihres Konservatismus berüchtigt war) nutzte Napoleon zu einem Akt aus, mit dem er die Ideale der Großen Französischen Revolution völlig verriet: Am 18. Mai 1804 wurde er Kaiser der Franzosen. So lautete sein offizieller Titel – die vorrevolutionären Herrscher nannten sich König von Frankreich und Navarra, und Napoleon wollte betonen, daß er Kaiser nach dem Willen des Volkes sei. Er ließ ein neues Hofzeremoniell ausarbeiten. Dazu gehörten die Titel für die Mitglieder der kaiserlichen Familie, einschließlich seiner Adoptivkinder. Mit Ausnahme von Marquis wurden die Adelsprädikate erneuert, aber in den Adelsstand wurde man vom Kaiser persönlich erhoben.

Die Kriege gingen weiter. Napoleon wollte England angreifen. Preußen, Rußland und Österreich erklärten ihm jedoch den Krieg. Während der englische Admiral Nelson die französische Flotte bei Trafalgar schlug, unterlagen die verbündeten österreichischen und russischen Heere in der berühmten Dreikaiserschlacht beim mährischen Austerlitz (2. Dezember 1805). In der Schlacht bei Jena wurde Preußen besiegt und bei Friedland (1807) Rußland.

Nach der Schlacht bei Austerlitz (Slavkov) bat Österreich um Frieden.

Nun war Napoleon der Herr über fast ganz Europa, nur Rußland und England befanden sich außerhalb der unmittelbaren Einflußsphäre Frankreichs. Der russische Zar Alexander I. wurde ein zeitweiliger Verbündeter, aber in England wandte sich der konservative Premierminister Pitt hartnäckig gegen den französischen Kaiser. Napoleon verhängte deshalb die Kontinentalsperre, ein Einfuhrverbot für englische Waren; kein aus England kommendes Schiff durfte einen europäischen Hafen anlaufen.

Die politische Landkarte Europas hatte sich gründlich verändert. Frankreich hatte sich bis nach Oberitalien ausgedehnt, hatte die Schweiz, Belgien und Holland (hier herrschte als König kurze Zeit Napoleons Bruder Ludwig, der Josephines Tochter Hortense geheiratet hatte) und einen Teil von Norddeutschland okkupiert. Preußen war um die Hälfte verkleinert, das restliche Deutschland in der Umklammerung Preußens und Frankreichs bildete den Rheinbund mit Napoleon als Protektor. In den von Frankreich nicht direkt besetzten Gebieten Norditaliens wurde das sogenannte Königreich Italien geschaffen, dessen König Napoleon selber war. Von Österreich wurden die Küstengebiete abgetrennt und an Frankreich angegliedert. Süditalien bildete das Königreich Neapel, wo Marschall Murat, Napoleons Schwager (der Mann seiner Schwester Karoline), als König herrschte.

Schließlich wurde aus dem russischen und preußischen Teil Polens das Großherzogtum Warschau unter Fürst Poniatowski gebildet. Es war de facto ein Vasallenstaat Frankreichs.

Spanischer König war Napoleons älterer Bruder Joseph.

Also Nepotismus non plus ultra.

Die langwierigen Kriege erschöpften schließlich auch einen wirtschaftlich so starken Staat wie Frankreich. Viele Franzosen bezweifelten schon, daß sich Napoleon halten würde, auch sein Außenminister Talleyrand, der Prototyp eines Karrieristen, der jedes Regime überlebte. Er begann mit dem russischen Zaren zu paktieren, indem er ihm Nachrichten übermittelte.

Zu der Zeit ließ sich Napoleon von Josephine scheiden. Sie konnte ihm keinen Erben gebären. (Er hatte jedoch schon einen unehelichen Sohn mit der polnischen Gräfin Walewska.) Napoleon hielt sogar um die Schwester des russischen Zaren an und war maßlos gekränkt, als sein Antrag abgewiesen wurde.

Napoleons Stern begann zu erblassen.

Noch einmal glänzte seine Kriegskunst in einem weiteren Krieg gegen Österreich, in der Schlacht bei Wagram (1809). Danach diktierte Napoleon den Frieden von Schönbrunn. Österreich wurde sein Verbündeter oder richtiger: Vasall. Ein Jahr später heiratete er die Habsburger Prinzessin Marie-Louise, die ihm einen Sohn gebar.

In Spanien führte das Volk gegen die französische Okkupationsarmee einen Partisanenkrieg. Rußland löste sich aus dem Bündnis. Da erklärte ihm Napoleon den Krieg. Seine Armee erreichte im Jahre 1812 zwar Moskau, aber es war ein Pyrrhussieg. Beim

Rückzug aus der brennenden Stadt erlitt Napoleons Armee riesige Verluste. General Kutusow bereitete Napoleon im November desselben Jahres an der Beresina eine vernichtende Niederlage ...

Im Jahre 1813 brach ein Aufstand im deutschen Rheinbund aus. Frankreich, von den langjährigen Kriegen erschöpft, konnte keine neuen Soldaten mehr entsenden. Es folgte die Niederlage in der Völkerschlacht bei Leipzig, und am 31. März 1814 zogen die Verbündeten in Paris ein.

Napoleons Stern ist erloschen. Napoleon erkannte nicht, daß sich die Geschichte nie betrügen läßt – daß seine Armeen zwar die Ideen von Freiheit verbreiteten, aber schließlich den Völkern die Freiheit nicht brachten, sondern nahmen.

Napoleon wurde zur Abdankung gezwungen. Er wurde auf die Insel Elba verbannt, wo er den Kaisertitel behalten durfte.

In Paris herrschten wieder die Bourbonen. Auch sie hatten nichts gelernt.

»Sie waren bereit, allergnädigst zu vergessen und Frankreich seine Sünden zu verzeihen, aber unter der Bedingung, daß das Land Buße tat und zur früheren Frömmigkeit und früheren Ordnung zurückkehrte«, schreibt Tarlé. »Bei all ihrer Torheit überzeugten sie sich bald, daß es einfach unmöglich war, die von Napoleon geschaffene Verwaltung zu beseitigen. Und so wurden die Präfekten, die Organisation der Ministerien, die Polizei, das Steuersystem, der Code Napoléon und die Justiz beibehalten, übernommen wurden auch die Ehrenlegion, das System des Verwaltungsapparats, die Organisation der Armee, die Struktur der

Universitäten und höheren und mittleren Schulen, das Konkordat mit dem Papst ...«

Frankreich war der Bourbonen bald überdrüssig, was Napoleon nicht verborgen blieb. Und so kehrte er am 1. März 1815 von Elba zurück. Paris und Europa gerieten in Panik.

Napoleons Stern strahlte wieder – zum letzten Male, er flackerte so hell auf wie ein Feuer vor dem Erlöschen. Es begannen die berühmten Hundert Tage.

Napoleons Zug von Südfrankreich nach Paris war triumphal. Die Truppen, die gegen ihn entsandt wurden, schlossen sich ihm an, das gleiche tat eine Stadt nach der anderen. Die Bourbonen flüchteten, Napoleon zog in Paris als Sieger ein.

Seine Feinde besannen sich jedoch bald.

Es kam zur letzten Schlacht Napoleons, bei Waterloo. Gegen die Franzosen kämpften die verbündeten englischen und preußischen Truppen unter Wellingtons Oberbefehl. Napoleon hätte die Schlacht nicht zu verlieren brauchen, wären die von General Grouchy befehligten Truppen rechtzeitig eingetroffen. Man spricht sogar manchmal von Grouchys Verrat – das ist jedoch eine zu gewagte These. Mit dieser Frage befaßt sich auch Stefan Zweig in seinen »Sternstunden der Menschheit«.

Es war eine grauenvolle Schlacht, die Franzosen hatten fünfundzwanzigtausend Tote und Verwundete zu beklagen, Engländer und Preußen zweiundzwanzigtausend.

Nun begann das letzte und rätselhafteste Kapitel in Napoleons Leben.

Wieder dankte er ab und verließ Paris. In Rochefort wurde er von den Engländern gefangen, und man

Napoleon Bonaparte

brachte ihn mit dem Schiff »Bellerophon« auf die Insel St. Helena, eine kleine englische Kolonie im südlichen Atlantik.

Hier lebte er im Haus Longwood auf der Hochebene der Insel noch sechs Jahre. Seine Suite bildeten der Marschall Bertrand, der Graf und die Gräfin de Montholon, der General Gourgaud, der Sekretär Las Cases, der Kammerherr Marchand und zwei Diener.

Am 5. Mai 1821 starb Napoleon, angeblich an Magenkrebs. Davon war er sogar selber überzeugt, weil auch sein Vater daran gestorben war. Napoleon soll mit bitterem Humor gesagt haben: »Krebs – das ist Waterloo, das nach innen gelangt ist.«

Im Jahre 1840 ließ König Louis-Philippe von Orléans Napoleons Leichnam in den Pariser Invalidendom überführen, wo er in einem prächtigen Sarkophag bis heute ruht.

Wurde Napoleon vergiftet? Immer wieder heißt es, Napoleon sei keines natürlichen Todes gestorben. Zu dieser These trug offenbar auch der Satz in seinem Testament bei, den wir eingangs zitiert haben.

Tatsächlich ergab die Obduktion, ausgeführt vom korsischen Arzt Antommarchi, der Napoleon zusammen mit britischen Ärzten behandelt hatte, widersprüchliche Befunde. Eindeutig war lediglich eine Leberschwellung. Außerdem ist die Rede von einem »kanzerosen Geschwür oder von szirrhotischer Schleimhaut«. Das sind zwar Formen von Magenkrebs, aber daran stirbt man nicht gleich. Und Melaena, dunklen Stuhl, hatte Napoleon erst in den letzten Tagen, als er große Dosen des Quecksilberpräparats Kalomel einnahm.

In den fünfziger Jahren unseres Jahrhunderts sprach der schwedische Zahnarzt Forshufvud, ein begeisterter Napoleonverehrer, den Verdacht aus, der Kaiser der Franzosen sei mit Arsen vergiftet worden. Forshufvud beschaffte sich Haare Napoleons (der Kaiser hatte Mitgliedern seiner Familien und zwei Kammerdienern auf Longwood Haarsträhnen verehrt) und ließ sie von mehreren Chemikern untersuchen. Mit Hilfe der Aktivierungsanalyse wurde festgestellt, daß sie 10,38 Mikrogramm Arsen enthielten, während der übliche Gehalt 0,8 Mikrogramm beträgt.

Ist das der Beweis, daß Napoleon vergiftet wurde?

Arsen sammelt sich in Leichen an. Die festgestellte Menge ist jedoch sehr hoch.

Arsenik (As_2O_3) wurde im achtzehnten und neunzehnten Jahrhundert von Giftmördern oft verwandt. Es ließ sich leicht beschaffen. Eine akute Arsenikvergiftung äußert sich als gastrointestinale Erkrankung mit Erbrechen und Durchfall. Die seltenere chronische Vergiftung erzeugt neurologische Symptome, schwache Lähmungen von Händen und Füßen. Gastrointestinale Symptome können ebenfalls auftreten, sind aber schwächer ... Es ist interessant, daß Napoleon an Unpäßlichkeit, Kopfschmerzen, Schwindelgefühlen und auffälliger Schwäche der Hände und besonders der Beine litt, was dem Bild einer chronischen Arsenikvergiftung entspräche. Am bemerkenswertesten ist jedoch: Als Napoleons Sarg 1840, also neunzehn Jahre nach seinem Tode, vor der Überführung nach Frankreich geöffnet wurde, stellte man fest, daß die Leiche völlig erhalten war, nur die Spitzen der Reitstiefel waren aufgeplatzt, so daß die Zehen hervorsahen. Auch die Gewichtzunahme Napoleons in seinen letzten Lebensjahren spricht für Arsen.

Schließlich wurden Arsenpräparate, zum Beispiel Solutio Fowleri, schwächlichen Patienten noch bis vor kurzem zur Kräftigung verschrieben.

Wenn der Kaiser vergiftet wurde, ist zu fragen: Wie und von wem? Forshufvud meinte, daß es nur mit Wein geschehen konnte, denn es gab einen »besseren« Wein für den Kaiser, die übrigen Bewohner tranken »gewöhnlichen« Wein. Wäre das Arsenik in den Speisen gewesen, hätten sich auch die anderen Bewohner Longwoods vergiftet. Und tatsächlich ist überliefert, daß Napoleon seinen Wein einmal General Gourgaud kosten ließ, der den Geschmack »merkwürdig« fand, aber keine Folgen spürte.

Es lag jedoch nicht im Interesse Englands, daß Napoleon starb. Die Engländer wären zwar einer Sorge ledig gewesen, hätten aber für immer ihrem Ruf geschadet. Also: Sofern es sich um eine Vergiftung handelte, mußte jemand aus Napoleons Umgebung der Schuldige sein. Dort waren ihm jedoch alle ergeben. Bis auf einen.

Der Graf de Montholon entstammte altem französischem Adel. In kaiserliche Dienste war er im Unterschied zu den anderen erst kurz vor der Schlacht bei Waterloo getreten. Zudem besteht der Verdacht, daß seine Frau auf St. Helena Napoleons Geliebte war. Auf spöttische Bemerkungen darüber, die zuweilen jemand machte, namentlich General Gourgaud, reagierte der Graf nicht. Nach der Rückkehr von St. Helena war er plötzlich sehr vermögend, die Herkunft seines Reichtums blieb unbekannt. Merkwürdig ist auch der Umstand, daß Montholon vom Grafen von Artois, dem Bruder des Königs und späteren König Karl X., in Privataudienz empfangen wurde. Gegen Ende seines Lebens wurde Montholon wieder Bonapartist. Er nahm unter Louis-Philippe an dem mißglückten Putschversuch des Prinzen Charles Louis Napoleon teil (des späteren Napoleon III.) und wurde deshalb eingekerkert.

König Ludwig XVIII. und sein Bruder Karl X., die beiden letzten Bourbonenkönige Frankreichs, fürchteten Napoleon. Sie wußten, daß sie unbeliebt waren. Das hatten sie mit ihrer reaktionären Politik, mit der sie Frankreich in die vorrevolutionäre Zeit zurückversetzen wollten, selber verschuldet. »Sie haben nichts vergessen und nichts dazugelernt«, sagte von ihnen ihr Außenminister Fürst Talleyrand, der schließlich auch sie verriet, so wie er das Direktorium und Napoleon verraten hatte. Ihre Politik verursachte die Julirevolution 1830, in der die Bourbonen hinweggefegt wurden.

Die Bourbonen befürchteten ständig, daß Napoleon von St. Helena zurückkehren könnte, wie vorher von Elba. Und sie wußten, daß das französische Volk, obwohl es von Napoleon durch die Kriege so sehr zur Ader gelassen worden war, ihn noch immer bewunderte und liebte. Bei der Rückkehr hätte man ihn begeistert empfangen. Deshalb läßt sich nicht ausschließen, daß die Bourbonen die allmähliche, unauffällige Vergiftung Napoleons planten und Montholon damit beauftragten.

In letzter Zeit werden jedoch Einwände gegen die Vergiftungstheorie vorgebracht, vor allem aufgrund der Tatsache, daß die Tapeten in Longwood, von denen einige noch erhalten sein sollen, Scheelesches Grün enthielten. Das war eine damals gebräuchliche Tapetenfarbe, die man später nicht mehr verwandte, weil es zu Arsenikvergiftungen kam. An den Tapeten von Longwood waren 0,12 g Arsen auf 1 m^2, während höchstens 0,015 g Arsen pro m^2 als unschädlich gelten. Es konnte sich deshalb um eine akzidentelle Vergiftung handeln.

Und schließlich zum dritten: 1982 brachte die Zeitschrift »Nature« einen Bericht dreier kanadischer Wissenschaftler, die Napoleons Haare nochmals untersucht hatten. Sie hatten keine so große Menge Arsen gefunden wie Forshufvuds Mitarbeiter. Mit einer verbesserten chemischen Methode wurde nachgewiesen, daß man bei früheren Untersuchungen irrtümlicherweise auch Antimon, das der Kaiser in Medikamenten einnahm, für Arsen gehalten hatte.

Wir besitzen also keinen Beweis, daß Napoleon vergiftet wurde.

Woran ist er dann gestorben, wenn auch Krebs nicht eindeutig festgestellt wurde?

Zweifellos an schlechter ärztlicher Behandlung. Seine Ärzte, sowohl O'Meary wie Antommarchi, waren äußerst unfähig und gaben ihrem Patienten Antimon, Quecksilber und vielleicht auch Arsen in zu hohen Dosierungen. Die Dosis war auch für die damalige Praxis zu hoch. Diese Metalle verursachten die Lähmungserscheinungen und die Verdauungsbeschwerden. Der Kaiser war außerdem noch vom Streß der unablässigen Bespitzelung durch englische Bewacher und wegen der kleinlichen Streitigkeiten an seinem »Hof« geschwächt.

Und so starb er wohl an zu hohen Medikamentengaben, die ihm bei einer banalen Erkrankung des Verdauungstrakts verordnet wurden, vielleicht bei einem Magengeschwür und der nachgewiesenen Leberentzündung.

Lord Byron

Byrons Einfluß war einzigartig. Alle Welt las ihn. Selbst Männer und Frauen, die von keiner anderen Dichtung erreicht wurden, lasen die seine; alte Seeleute, Krämer, Angestellte, Schneider, Modistinnen ebenso wie die besseren Richter kannten ganze Seiten seiner Verse auswendig.

Mark Rutherford
Die Revolution in Tanner's Lane

»Am 17. (April 1824, Anm. d. Verf.) ließ man ihn zweimal zur Ader. Er flehte die Ärzte an, ihn nicht länger mit ihrem ständigen Verlangen nach mehr Blut zu quälen … Am Bett war eine neue Sprachenverwirrung. Bruno und Tita sprachen nur italienisch, Fletcher und Parry nur englisch, die griechischen Diener waren für alle anderen nicht zu verstehen …

Am 18. fand eine Konsultation von vier Ärzten statt, mit Millingen, Bruno, Treiber und Lucca Vaya, dem Arzt Mavrokordatos. Es war Ostersonntag. Die Bürger waren gebeten worden, keinen Lärm zu machen. Anstatt sich dem traditionellen ›Christ ist erstanden‹ zu überlassen, fragten die einen die anderen: ›Wie steht es um Lord Byron?‹ …

Gegen sechs Uhr abends sagte er: ›Ich will jetzt schlafen.‹ Er drehte sich zur Seite und fiel in einen Schlaf, aus dem er nicht mehr erwachte. Er schien unfähig, noch ein Glied zu rühren, aber diejenigen, die ihn betrachteten, erkannten Zeichen von Atemnot. Röcheln drang aus seiner Kehle. Von Zeit zu Zeit hoben Fletcher und Tita ihm den Kopf an. Die Ärzte setzten Blutegel an, um ihn aus dieser Lethargie zu reißen. Das Blut floß an seinem Gesicht herunter. In diesem Zustand blieb er vierundzwanzig Stunden. Am Abend des 19., in der Dämmerung, sah Fletcher, der bei seinem Herrn wachte, wie er die Augen öffnete und sie sogleich wieder schloß. ›My God!‹ sagte er, ›I fear his Lordship is gone …‹ Die Ärzte fühlten den Puls. ›Sie haben recht‹, sagten sie, ›er ist tot.‹

Seit wenigen Augenblicken tobte ein schrecklicher Sturm über Missolunghi. Es wurde Nacht. Blitz und Donner folgten aufeinander in der Finsternis. Das aufflammende Licht der Blitze umriß weit hinten über der Lagune die Silhouetten der Inseln. Der Regen schlug vom Wind getrieben gegen die Fensterscheiben des Hauses. Die Soldaten und Hirten, die hier Zuflucht gesucht hatten, kannten die Todesnachricht noch nicht, aber wie ihre Vorfahren glaubten sie daran, daß Wunder und Zeichen den Tod eines Helden begleiten, und sie vernahmen die unerhörte Gewalt des Donners, und sie sagten zueinander: ›Byron ist tot.‹«

So beschreibt André Maurois in seiner großartigen Biographie »Don Juan oder Das Leben Byrons« den Tod des Dichters.

George Gordon Byron starb sechsunddreißigjährig. Er war am 22. Januar 1788 geboren worden. Sein kurzes Leben war jedoch sehr reich, und wenn er im Mai 1816 bei einer Schiffsfahrt auf dem Genfer See in die Passagierliste als Alter hundert Jahre eintrug, war das keine völlig unglaubhafte Übertreibung.

Auch im Vergleich mit Dichtern seiner Art, für die sich später in Frankreich die Bezeichnung »verdammte« einbürgerte und die ihr meist kurzes Leben fieberhaft und in einem Schaffensrausch verbrachten, ist Byron außergewöhnlich. Nicht nur deshalb, weil er die Reihe anführte, sondern weil alles, was bei anderen manchmal reine, wenn auch eindrucksvolle Gesten sind, bei ihm stets leidenschaftliche Wahrheit war. Vor allem das Bedürfnis nach absoluten Gefühlen und die leidenschaftliche Freiheitsliebe.

Eines Morgens erwachte ich und war berühmt. Er war vierundzwanzig Jahre alt, als die ersten beiden Gesänge seiner Dichtung »Childe Harolds Pilgerfahrt« erschienen. Es war eine poetische (und offensichtlich autobiographische) Beschreibung seiner Reise durch Griechenland, die Türkei und Albanien. Byron selber glaubte kaum an dieses Werk, das sein wichtigstes werden sollte. Dagegen war er stolz auf eine nicht allzu neuartige Paraphrase von Horazischer Poesie (»Hints from Horace«). Daß statt dessen der »Childe Harold« erschien, war das Verdienst von Byrons Freund Dallas und des Verlegers Murray.

Der Erfolg dieser Dichtung, in der die leidenschaftlichsten Gefühle der europäischen Jugend ausgesprochen wurden, besonders die Enttäuschung über die Französische Revolution und in hohem Maße auch über Napoleon, war unerwartet und gewaltig. Byron übertrieb nicht, als er schrieb: »Eines Morgens erwachte ich und war berühmt.« Wären Dichter noch wie in der Antike oder der Renaissance bekränzt worden, hätte man Byron einen Lorbeerkranz aufs Haupt gesetzt.

Wird ein Kunstwerk, und das gilt vor allem für ein literarisches Werk, wider alle Erwartungen berühmt, fragt man stets: Warum? Es kann zahllose Antworten geben.

Die Grundvoraussetzung ist selbstverständlich Talent, schöpferische Begabung des Dichters. Wichtig sind außerdem Mut und oft Nonkonformismus. Und die Zeit, in der das Werk erscheint.

Verweilen wir ein wenig bei der Zeit. Nach dem Mittelalter mit seiner bis auf Ausnahmen religiös eingeengten Dichtung kam das Zeitalter der Renaissance. Ihre klassischen oder, genauer gesagt, pseudoklassischen Regeln boten einem Dichter nicht allzu viele Freiheiten, und die Literatur wandte sich an einen ziemlich engen Kreis von Gebildeten. Der Klassizismus oder richtiger Pseudoklassizismus, der die Renaissance ablöste, konnte sich höchstens formaler Neuerungen rühmen.

Mit anderen Worten: Die Zeit war reif für eine neue Dichtung.

Und Byrons Dichtung war neu.

Byron wurde der Begründer der Romantik. Und wiederum nicht der Romantik als solcher, sondern der eigentlichen, leidenschaftlichen, rebellischen Romantik. (Es entstand auch eine andere, relativ gemäßigte Strömung der Romantik.) Diese Romantik nannte man bald Byronismus. Die Melancholie, von der sie fast immer durchdrungen war, hatte Byron zwar von der Frühromantik übernommen, aber sonst war seine Dichtung völlig originell.

Von Byron führt ein gerader Weg zu Puschkin, Lermontow, Mickiewicz und Mácha ...

Ein Spross aus dem Geschlecht der Gordons. Uns geht es jedoch vor allem um Byrons Lebensweg, der alles andere als leicht war.

Byron entstammte einer sehr alten englischen Familie. Ein Byron war mit Wilhelm dem Eroberer nach England gekommen, und Vorfahren des Dichters (damals schrieben sie sich Biron) hatten an Kreuzzügen und an der Belagerung von Calais teilgenommen. Sie prahlten damals mit dem Wahlspruch »Crede Biron« (Vertraue Biron), obwohl sie sich nie großen militärischen Ruhm erworben hatten.

Dafür war ihre Treue sprichwörtlich. Hauptsächlich wegen dieser Treue wurde 1643 John Byron von König Karl I. zum Lord Byron ernannt, und als erster Byron wurde er Mitglied des Oberhauses. Alle Byrons schienen unablässig von der Ungunst des Schicksals verfolgt zu werden: Dieser Lord John Byron verlor mehrere Schlachten wegen seiner unbedachten Attakken. Leidenschaftlichkeit und Jähzorn, das waren stets die typischsten Byronschen Eigenschaften. So tötete zum Beispiel der fünfte Lord Byron seinen Vetter im Zweikampf nach einem nichtigen Streit darüber, in welchem Revier es mehr Wild gebe. Des Dichters Großvater, der Bruder dieses fünften Lords, war Admiral und wurde dadurch berühmt, daß jedes Schiff, das er befehligte, unterging. Er hatte zwei Söhne, den Seemann George und den Soldaten John. Und John, Hauptmann der königlichen Garde, war der Vater des Dichters.

Auch er ist eine typisch Byronsche Gestalt. John Byron war zwar ein furchtloser Soldat, besaß aber keine nennenswerten Fähigkeiten als Kommandeur und Stratege. Dagegen hatte er eine ungewöhnliche Neigung zu einem aufwendigen, verschwenderischen Leben. Das Vermögen seiner ersten Frau, einer Lady Conyers, die ihm die Tochter Augusta gebar, brachte er in kürzester Zeit durch, und nach ihrem Tode heiratete er die reiche schottische Erbin Katharina Gordon von Gight. Sie glänzte nicht durch Schönheit, besaß jedoch genügend Geld und liebte Kapitän Byron leidenschaftlich. Katharina, die Mutter des Dichters, stammte aus einem Geschlecht, das noch vornehmer war als das der Byrons. Die Gordons waren mit dem schottischen Königshaus der Stuarts verwandt. Viele Gordons starben auf dem Richtplatz, unter ihnen gab es Mörder und Gewalttäter. Ein Herr Gordon von

Gight soll einmal erklärt haben: »Ich kann mich nicht zügeln, ich weiß, daß ich auf dem Schafott enden werde. Meine Hand hat einen natürlichen Hang zum Bösen.« Und schließlich war ein Oberst Gordon im Jahre 1634 einer der Mörder Wallensteins und endete ebenfalls auf dem Schafott. (Im zwanzigsten Jahrhundert sieht es schon anders aus. Aus dieser Familie stammt zum Beispiel Dr. Neel Gordon, der bedeutendste englische Kinderneurologe.)

Das waren also die Vorfahren des Dichters.

Byron soll ein sehr intelligentes und liebes Kind gewesen sein. Seit er zu laufen begann, hinkte er. Und dieser Defekt wurde zu seinem Trauma …

Der junge Lord auf der Schulbank. Während Byrons früher Kindheit lebten die Eltern getrennt. Im Jahre 1790 floh Kapitän Byron nach Frankreich, wo gerade die Revolution ausgebrochen war, für die er sich begeisterte. Darin ähnelte ihm später sein Sohn, der seine Sympathie auch auf Napoleon übertrug. Hauptmann Byron besaß wie immer kein Geld. Katharina schickte ihm noch von dem wenigen, das ihr nach seinem ausschweifenden Leben geblieben war. Kurze Zeit darauf starb John Byron in Frankreich, wahrscheinlich an einer Infektionskrankheit.

Jetzt zog Katharina mit ihrem Sohn nach Aberdeen zu schottischen Verwandten. Der Junge wurde mit vier Jahren und zehn Monaten in eine Schule geschickt, wo man ihn das Lesen und Schreiben lehrte, später ging er in die Aberdeener Grammar-School, eine Art Gymnasium, um hauptsächlich Latein zu lernen. Hier begann er fleißig zu lesen: die Bibel, die Geschichten aus Tausendundeiner Nacht, aber auch die damals modernen Dichter wie zum Beispiel Geßner. Er besaß ein großes Erzähltalent, wegen seines Hinkens verspottete man ihn jedoch oft, so daß er schüchtern war.

Mit zehn Jahren wurde er Lord. In Newstead war sein Großonkel gestorben, ein Sonderling, den man in der Umgebung den Bösen Lord nannte. Es war der fünfte Lord Byron, der im Zweikampf seinen Vetter getötet hatte. Er hinterließ dem kleinen Byron seinen Besitz und, weil er keinen männlichen Erben hatte, auch den Titel Lord. Das erfuhr der Junge auf etwas ungewöhnliche Weise. In der Schule bat ihn der Direktor zu sich, bot ihm Kuchen und Wein an und teilte ihm mit, daß er der sechste Lord Byron sei. Am nächsten Tag rief ihn der Lehrer nicht mehr »Byron«, sondern »Domine de Byron«.

Die kleine Familie – Byron als junger Lord (übrigens hat er sich auf diesen Titel immer viel eingebildet!), seine Mutter und ein Dienstmädchen – zog nach Newstead. Die ererbte »Herrschaft«, ursprünglich ein Kloster, war ziemlich heruntergekommen, aber Byron liebte Newstead sehr, besonders weil es geheimnisvoll wirkte – man behauptete sogar, daß dort die ehemaligen Mönche spukten. Der junge Byron verliebte sich hier in Mary Anne Chaworth, die Großnichte des Mannes, den Byrons Großonkel getötet hatte. Diese Liebe zeichnete ihn für das ganze Leben, niemals vergaß er Mary Anne, auch wenn seine halbkindliche Schwärmerei mit einer bitteren Enttäuschung endete. Er hörte zufällig, wie Mary Anne zu ihrer Kammerjungfer sagte: »Glauben Sie wirklich, ich könnte diesem hinkenden Jungen treu sein?«

Diesen »hinkenden Jungen« hatten auch die frühe Kindheit in Schottland und der dortige Kalvinismus geprägt, der protestantische »Jesuitismus«, besonders seine Theorie von der Prädestination. Außerdem die Beziehung zu seiner Mutter, einer unglaublich launenhaften Frau. Zärtlichkeiten wechselten bei ihr unmittelbar mit Wutanfällen, und der kleine Byron wurde manchmal geschlagen, nachdem ihn die Mutter gerade liebkost hatte. Auch ihre Hand, aber noch eher ihr Herz hatten »einen Hang zum Bösen«.

1801 wurde Byron in Harrow immatrikuliert, nach Eton die beste Mittelschule in England. Er wurde bald einer der besten Schüler. Schon damals fiel seine Absonderlichkeit auf: Am liebsten ging er auf einen Hügel zu einem namenlosen Grab. Dort saß er lange und träumte.

Um seinen körperlichen Defekt zu kompensieren, trieb er Sport, soweit ihm das möglich war. Er lernte ausgezeichnet schwimmen, boxte gut, verteidigte gern Schwächere. Zu seinen Schützlingen gehörte zum Beispiel Robert Peel, der spätere englische Premierminister. Gegen Ende seines Aufenthalts in Harrow begann Byron Verse zu schreiben. Er lernte seine Halbschwester Augusta kennen, die spätere Lady Leigh, die seine Freundin und Vertraute wurde.

1805 bezog er die Universität Cambridge. Nach altem englischem Brauch, der bis heute gilt, mußte er Mitglied eines College werden. Er wählte das berühmte Trinity College. Vor mehr als hundert Jahren hatte ihm Isaac Newton angehört. Nach Byron zählte Charles Darwin zu den Mitgliedern. In Cambridge kamen bei Byron plötzlich die väterlichen Eigenschaften zum Vorschein: Er verfiel dem damals üblichen Studentenleben mit Spiel und Zechereien, lebte verschwenderisch und vergeudete das Familienvermögen, lieh sogar Geld bei Wucherern. Byron liebte elegante, dandyhafte Kleidung, mit Kameraden trank er in Newstead aus dem Schädel eines Mönches.

Bedeutsamer war jedoch, daß er zu der Zeit sein erstes Gedichtbändchen »Stunden des Müßiggangs« veröffentlichte. Es war zwar kein Mißerfolg, aber große Anerkennung gewann er damit ebenfalls nicht. (In dem Zusammenhang ist interessant, daß die Verse Robert Dallas gefielen, der in Byron ein großes dichterisches Talent sah, ebenso wie er später sofort die Genialität des »Childe Harold« erkannte.)

Inzwischen verschlechterte sich sein Verhältnis zur Mutter. Sie litt vor allem wegen seiner Verschwendungssucht, denn sie war eine sparsame Schottin, und nur durch ihr Verdienst konnte sich der junge Byron finanziell über Wasser halten.

Als Byron kurze Zeit nach dem Erscheinen der »Stunden des Müßiggangs« in der »Edinburgh Review« grob angegriffen wurde, verteidigte ihn der damals berühmte Dichter Wordsworth. »Da veröffentlicht ein junger Mann, ein Lord, ein kleines Gedichtbändchen; und man attackiert ihn, als könne niemand ein Dichter sein, der nicht in einer Scheune lebt. (Der Kritiker in der »Edinburgh Review« hatte Byron vor allem verspottet, weil er ein Lord war. Anm. d. Verf.) Aber ich, ich sage, daß aus diesem jungen Menschen noch etwas wird, wenn er weitermacht.«

1809 wurde Byron mündig. Zur Feier des Tages ließ er in Newstead einen Ochsen am Spieß braten. Kurz darauf nahm er seinen Sitz im Oberhaus ein.

Die erste Reise nach Griechenland. Dann begab er sich auf die erste Pilgerfahrt Childe Harolds. Hobhouse, einer seiner besten Freunde aus Cambridge, wo Byron inzwischen den Magistertitel erworben hatte, begleitete ihn.

Der erste Aufenthaltsort war Lissabon. Byron und Hobhouse waren erschüttert über das Elend und die Knechtung der Bevölkerung seitens des Adels und der Priester. Übrigens befand sich hier gerade die englische Okkupationsarmee, die das französische Heer des Generals Junot vertrieben hatte – es war die Zeit der napoleonischen Kriege. Die beiden Freunde ritten über die Pyrenäenhalbinsel, besuchten Gibraltar und bestiegen ein Schiff, das nach Malta fuhr. Von dort aus wollten sie nach Albanien. Nach einem schrecklichen Sturm strandete ihr Schiff an der griechischen Küste. Sulioten, gefährliche Krieger des Paschaliks Janina, nahmen sich ihrer an. Sie trockneten die Kleider, beköstigten die Männer und führten ihnen ihre Tänze vor. Als ihnen Lord Byron einige Zechinen geben wollte, lehnten sie mit den Worten ab: »Wir wollen eure Liebe, nicht euer Geld.«

Griechenland bezauberte Byron – es war immer seine Leidenschaft, wie jeder Mensch dieses Land, in dem Mut, Freiheitsliebe, Verehrung von Schönheit und die besten menschlichen Tugenden ihren Ursprung haben, lieben muß.

In Delphi ritzten Byron und Hobhouse ihren Namen in eine Tempelsäule. Athen stimmte sie jedoch wehmütig. Die türkischen Besatzer hegten gegenüber der großen Vergangenheit dieser Stadt keine Achtung. Auf der Akropolis waren Soldaten untergebracht …

Und so entstand hier spontan die Idee zu dem berühmten »Childe Harold«. »Schönes Griechenland, trauriges Bild verschwundener Pracht! Unsterblich noch, obwohl vergangen, im Sturz noch groß! Wer wird nun deine Kinder führen?«

Byron ahnte damals bestimmt nicht, daß das in kurzer Zeit er selber sein würde. Aber in jedem Dichter steckt ein Prophet ...

Nach einem kurzen Aufenthalt in der Türkei, während dessen Byron den Hellespont (die Dardanellen) durchschwamm und den Ort aufsuchte, wo Troja gestanden hatte, kehrte der Dichter wieder nach Athen zurück. In Patras erkrankte er an Malaria. Bei der schlechten Behandlung wäre er beinahe gestorben, aber seine Jugend und die Natur halfen ihm. Damals schrieb er in sein Tagebuch: »Ich betrachte den Tod als ein Heilmittel gegen den Schmerz, ohne das geringste Verlangen nach einem zukünftigen Leben, in der vertrauten Gewißheit, daß der Gott, der uns in diesem Leben straft, den müden Seelen diese letzte Zuflucht gelassen hat.« Und griechisch fügte er hinzu: »Jung stirbt, wen die Götter lieben.«

(In diesem unerschrockenen, ja fast vertraulichen Verhältnis zum Tode folgten alle Romantiker Byrons Beispiel, diejenigen, die wirklich von seiner Art waren, hatten ein ebenso kurzes Leben wie er, und die Werke der besten von ihnen wurden erst nach ihrem Tode berühmt – in der tschechischen Literatur traf das auf Karel Hynek Mácha zu.)

Nach der Genesung kehrte Byron in das Athener Kapuzinerkloster zurück, wo er schrieb. Es entstanden zwei Satiren – Byron verfaßte gern Satiren –, die schon erwähnte »Hints from Horace« und »Der Fluch der Minerva«.

Bald mußte er jedoch nach London heimkehren, dazu zwangen ihn seine finanziellen Verhältnisse. Er nahm viele Eindrücke mit. Vor seiner Ankunft schrieb er an Dallas: »Nach zweijähriger Abwesenheit bin ich wieder auf dem Wege nach England. Ich habe alles gesehen, was es an Bemerkenswertem in der Türkei gibt, vor allem die Troas, Griechenland, Konstantinopel und Albanien ...«

Kurze Zeit, bevor Byron heimkehrte, war seine Mutter gestorben. Trotz der Konflikte mit ihr und trotz der häufigen Mißverständnisse betrauerte er ihren Tod aufrichtig, es hatte immer ein festes Band zwischen ihren ähnlichen Charakteren gegeben, die sich besonders durch die extremen Übergänge von Zärtlichkeit zu Haß glichen.

Wir haben schon gesagt, daß Byrons Freund Dallas von der Paraphrase auf die Horazische Poesie enttäuscht war, dagegen begeisterte ihn »Childe Harolds Pilgerfahrt«, schon wegen des schönen Anfangs:

Es lebte einst auf Albions Insel ein Jüngling,
der nach der Tugend Pfaden nicht begehrte,
vielmehr verbrachte er seine Tage in meist wüster Schwelgerei
und störte gern mit Lärm das müde Ohr der Nacht.

Der »Childe Harold« erschien, und der phantastische Erfolg dieser Dichtung veränderte Byrons Leben völlig. Dieser Erfolg bedeutete bis zu einem gewissen Maße auch die Kompensation eines Traumas – der hinkende Lord wurde über Nacht ein bewunderter Mann. Er hatte ein schönes, edles Gesicht mit einem melancholischen, tragischen Ausdruck, was den Vorstellungen von Childe Harold entsprach.

Flüchtige und schicksalhafte Liebe. Es folgen mehrere Liebesbeziehungen, die bis auf eine oder zwei Ausnahmen von kurzer Dauer waren. Byron kannte sich selber genau, denn er erklärte einmal, daß sich sein Herz immer auf den nächsten Ast setze.

Seine erste Geliebte war Caroline Lamb, die Schwiegertochter Lord Melbournes, eine verheiratete Frau, deren aufdringliche Liebe Byron bald lästig wurde. Eine Trennung war jedoch nicht leicht, zumal man sich ständig in der Gesellschaft begegnete. Es folgte die ebenfalls verheiratete und schon vierzigjährige Lady Oxford, eine zügellose und in der Liebe sehr erfahrene Frau. Und nach diesen flüchtigen Liebschaften begann die schicksalhafte Beziehung zu seiner Halbschwester Augusta, die ihm die Tochter Elizabeth Medora gebar. Man muß allerdings anmerken, daß sich Byron und Augusta praktisch seit ihrer Kindheit nicht gesehen hatten und daß ihrer Liebesbeziehung Jahre einer freundschaftlichen, familiären Korrespondenz vorausgegangen waren.

Tatsächlich bedeutete Augusta, zu der Byron die dauerhafteste Beziehung unterhielt, dem Dichter mehr als andere Frauen. Vielleicht um den anstößigen Inzest mit der Halbschwester zu verbergen, der in der Londoner Gesellschaft kaum ein Geheimnis bleiben konnte, heiratete Byron 1815 Anna Isabella Milbanke. Sie liebte Byron zweifellos aufrichtig, aber sie war das ganze Gegenteil von ihm: berechnend veranlagt, immer ausgeglichen. Die Tochter Ada wurde geboren, trotzdem scheiterte die Ehe bald. Nach einem Jahr kam es zur Scheidung, wohl auch deshalb, weil Byron nach der Hochzeit nicht aufgehört hatte, sich mit Augusta zu treffen.

Als ob er ahnte, daß seine Zeit bemessen war,

George Gordon Byron

schrieb Byron zu dieser Zeit fieberhaft. Es entstanden weitere Dichtungen – »Der Giaur«, »Lara«, »Manfred«, der dritte Gesang des »Childe Harold« und andere.

In Europa jagten sich die dramatischen Ereignisse: Völkerschlacht bei Leipzig, Besetzung Frankreichs, Napoleons Abdankung, Verbannung nach Elba, Rückkehr. Nach hundert Tagen die Schlacht bei Waterloo. Dann die harten Maßnahmen der reaktionären Heiligen Allianz ... Byron, der 1814 eine Ode auf Napoleon verfaßt hatte, war deprimiert.

Zudem berührte ihn die Trennung von Anna Isabella mehr, als er sich eingestehen wollte. Trotz der Zuneigung zu ihr waren in der Ehe seine von der Mutter geerbten Eigenschaften durchgebrochen: Zärtlichkeit wechselte mit Grausamkeit. Diese überwog schließlich und wurde für Anna Isabella unerträglich.

Die Scheidung von Anna Isabella machte Byron in der puritanischen adligen Gesellschaft unmöglich – das heißt, wie er selber einmal sagte, bei den viertausend Menschen, die noch auf sind, wenn alle anderen schlafen –, um so mehr, als gleichzeitig sein Inzest mit Augusta bekannt wurde.

Die zweite Pilgerfahrt des Dichters. Byron begab sich also auf die zweite Pilgerfahrt Childe Harolds, die er selber für eine Verbannung hielt. Er hörte nämlich niemals auf, sein Vaterland England zu lieben. In »Beppo«, einer Dichtung über Venedig, die er nach der Beendigung des »Childe Harold« schrieb, verriet er das mit ironischen, aber gleichzeitig liebevollen Versen:

England! Trotz deiner Fehler liebe ich dich,
ich habe es in Calais gesagt und leugne es nicht;
ich liebe die Freiheit für alle und für mich selbst;
ich liebe das Parlament, und ich liebe die
 Debatten;
ich bin für Steuern, wenn sie vernünftig sind;
ich liebe das Kohlenfeuer, wenn es nicht zu teuer
 ist;
ich liebe auch das Wetter – wenn es erträglich ist,
das heißt ungefähr zwei Tage in jedem Winter.

Byron schiffte sich mit Hobhouse am 23. April 1816 von Dover nach Belgien ein, fuhr den Rhein hinauf und reiste nach Genf, wo er in der Villa Diodati wohnte. In Genf lernte er einen großen Zeitgenossen kennen, den Dichter Percy Shelley, mit dem ihn bald eine enge Freundschaft verband, obwohl ihm Shelleys metaphysischer Idealismus nicht behagte. Sofern es jedoch um Politik ging, ersehnte Byron ebenso wie Shelley die Freiheit der Völker, aber er glaubte nicht, daß zu ihrer Befreiung allein Worte genügten, und seien es die edelsten. Sein gesunder Gordonscher Verstand sagte ihm, daß nichts umsonst zu haben ist, auch nicht die Freiheit.

Shelley wurde von seiner Verlobten Mary Godwin, die er kurze Zeit später heiratete, und ihrer Freundin Claire Clairmont begleitet. Mit Claire hatte Byron eine weitere flüchtige Liebesbeziehung, die nicht ohne Folgen blieb. Eine zweite uneheliche Tochter wurde geboren, Allegra. Das Kind starb mit fünf Jahren in einem Kloster, wohin Byron es gegen den Wunsch der Mutter gebracht hatte.

Von Genf aus reiste Byron nach Venedig, und wieder »setzte sich sein Herz auf den nächsten Ast«:

Seine Geliebte wurde Marianna Segati, danach Margarita Cogni. Marianna pflegte ihn bei einer weiteren schweren Krankheit, wahrscheinlich einer Malaria.

Italien gefiel ihm, besonders Venedig, und ebenso gefielen ihm die italienischen Frauen. Im April 1819 lernte er die Gräfin Teresa Guiccioli kennen, die seine Geliebte wurde. In Italien schrieb Byron »Kain«, »Don Juan«, »Napoleons Abschied«, »Dantes Prophezeiung« und weitere Gesänge des »Childe Harold«.

Byrons Finanzen waren inzwischen in einem so erbärmlichen Zustand, daß er Newstead verkaufen mußte ...

Byron blieb mit Shelley befreundet. Er besuchte ihn in Pisa und später in Casa Magni, wo sich die Shelleys niedergelassen hatten. 1822 ertrank Shelley, der das Meer liebte, als sein Schiff »Ariel« kenterte. Byron verlor einen weiteren geliebten Menschen, was ihn in der Überzeugung bestärkte, daß jeder, der sich ihm näherte, in das unbarmherzige Räderwerk des Schicksals gerate und daß ihm selber der Tod ständig auf den Fersen sei. Er fürchtete ihn jedoch nicht.

Der Dichter sehnte sich nach Taten, die unruhigen Byronschen und Gordonschen Gene meldeten sich. Und so stürzte er sich mit bewundernswertem Mut in den Kampf um die Freiheit Italiens. Er wurde Carbonaro, und die Verschwörer akzeptierten ihn sogar als Anführer ihres Geheimbundes in Ravenna, der sich »americani« nannte.

Das war im Jahre 1820. Europa, nach Napoleons Fall von der Heiligen Allianz betäubt, begann zu erwachen. Die Spanier erzwangen mit einer Revolution eine Verfassung, dieses Beispiel wirkte ansteckend, auch Italien, das größtenteils unter dem Vatikanstaat, dem Königreich Neapel und Österreich aufgeteilt und außerdem in eine ganze Reihe machtloser Kleinstaaten zersplittert war, konnte nicht abseits stehen.

Es zeigte sich, daß der Dichter von seinen Byronschen Vorfahren nicht nur Mut geerbt hatte, sondern auch etwas besaß, was ihnen fehlte: Sinn für Strategie und Taktik, einfach für Ordnung. Er legte im Palast der Guicciolis ein kleines Waffenarsenal an. In den Palast, in dem ihm Graf Guiccioli, der Gatte seiner Geliebten Teresa, eine Etage zur Verfügung gestellt hatte, kamen Verschwörer, überall befanden sich Waffen und antiösterreichische Flugblätter.

Die Regierung beschlagnahmte die Übersetzung des »Childe Harold«. Byrons Gedicht auf Dante wurde jedoch in Ravenna als Revolutionshymne rezitiert. In einem Geheimrapport an die österreichische Polizei beschrieb der Gouverneur von Rom den Grafen Guiccioli als einen der wildesten Zerstörer von Ruhe und Ordnung, der eng mit dem berüchtigten Lord Byron verbunden sei. Das klingt ziemlich merkwürdig, denn Graf Guiccioli war alles andere als ein Revolutionär. Es folgte die Scheidung Guicciolis von Teresa. Byron erwog sogar, Teresa zu heiraten, dem stand jedoch das strikte Verbot der Kirche entgegen. Kein Katholik darf ein zweites Mal heiraten, sofern er nicht verwitwet ist. Byron schrieb das auch seiner Halbschwester Augusta, mit der er während seines Aufenthalts außerhalb Englands ständig korrespondierte. Über die verschwommen klingenden Antworten war er jedoch unglücklich – er ahnte nicht, daß Anna Isabella inzwischen Augustas Zensorin und Beraterin geworden war.

Byron beschäftigte sich weiterhin mit der Vorbereitung des italienischen Aufstands. Er ging Risiken ein, gab Geld, wußte, daß sein Leben gefährdet war, meinte aber, es lohne den Zweck. »Denken Sie doch«, sagte er, »ein freies Italien! Das hat es seit den Tagen des Kaisers Augustus nicht gegeben …«

Wir erwähnten schon, daß er auch eine wertvolle, nicht ererbte Eigenschaft besaß, strategisches Talent. Das zeigte sich, als er den neapolitanischen Aufständischen riet, gleichzeitig an verschiedenen Orten anzugreifen, um die Aufmerksamkeit der österreichischen Truppen zu zerstreuen, denen sie sonst notwendigerweise unterliegen würden. Bald erwies sich, daß er recht gehabt hatte. Die Neapolitaner wurden von den österreichischen Truppen geschlagen. Die Folgen der Niederlage ließen nicht lange auf sich warten. Der König von Neapel nutzte die Situation aus und setzte die Verfassung außer Kraft, auf die er vorher unter Eid geschworen hatte. (Neapel war die Hauptstadt des sogenannten Königreichs beider Sizilien, wie das Königreich Neapel seit 1815 hieß, hier herrschte die jüngere Linie der spanischen Bourbonen.)

Weil Byron eng mit der Familie Gamba befreundet war, aus der Teresa stammte, war er gezwungen, von einem Ort zum anderen zu ziehen. Die Gambas galten sowohl für den Vatikan wie für Österreich als personae non gratae. Versuche eines Aufstands gegen Österreich und den Papst scheiterten, wie Byron vorhergesagt hatte. Der Tag der Befreiung Italiens war noch nicht gekommen, das Land mußte auf seinen Garibaldi warten.

Ich liebe die Freiheit für alle und für mich! Dann lockte wieder Byrons alte Liebe – Griechenland. Es gehörte seit der zweiten Hälfte des fünfzehnten Jahrhunderts, nachdem die Türken 1453 Konstantinopel erobert hatten, zum Osmanischen Reich, eine Ausnahme bildeten lediglich einige Städte und kleine Inseln im Ägäischen Meer.

Als an der Wende des achtzehnten zum neunzehnten Jahrhundert die Ideen der Französischen Revolution von Freiheit und Völkerrecht überallhin drangen, erwachten auch die Griechen. Sie gründeten Geheimbünde. Einerseits waren es Intellektuelle wie Fürst Mavrokordatos, andererseits Abenteurer und Banditen wie Kolokotronis oder Odysseus. Während Mavrokordatos von einer gerechten Verfassung des künftigen freien Griechenland träumte, überfielen die Männer von Odysseus und Kolokotronis türkische Soldaten und bemächtigten sich ihrer Waffen.

Alle griechischen Aufständischen erhofften Hilfe vom orthodoxen Rußland. Das war jedoch ein Gründungsmitglied der Heiligen Allianz. Der österreichische Kanzler, der berüchtigte Fürst Metternich, warnte den Zaren Alexander. Die Revolution in einem Lande würde weitere in anderen Ländern entfachen. Und der konservative englische Premierminister Pitt erklärte: »Ich lehne es ab, mit jemandem zu diskutieren, der die Integrität des Osmanenreiches nicht als Notwendigkeit für die englischen Interessen sieht.«

Doch nicht jede Regierungserklärung drückt die Gefühle des ganzen Volkes aus. Als ein griechischer Abgesandter nach England kam, empfingen ihn liberale Politiker mit Sympathie. Und in der berühmten Gastwirtschaft »Zur Krone und zum Anker«, dem damaligen Zentrum Londoner Intellektueller, wurde ein Komitee zur Befreiung der Griechen gebildet.

Byron kannte den Fürsten Mavrokordatos aus Pisa.

Hier war er ihm wahrscheinlich 1822 begegnet, und schon da soll er das Verlangen geäußert haben, mit ihm nach Griechenland zu fahren, um für dessen Freiheit zu kämpfen.

Als Byron von der Bildung des Londoner Komitees erfuhr, bot er seine Mitarbeit an. Er befürchtete jedoch, abgewiesen zu werden, weil ihn die »noble Gesellschaft« nach den Jahren der Popularität wegen des Inzests mit Augusta geächtet hatte. Auf Fürsprache von Hobhouse, der inzwischen ein einflußreiches Mitglied der Whigs (Liberalen) geworden war, nahm man Byron schließlich auf. Er plante unverzüglich eine Expedition, um den Griechen zu helfen.

Trotz des anfänglichen Widerstands Teresas fuhr er mit ihrem Bruder, der sein Bewunderer und Freund geworden war, mit dem Schiff »Herkules« von Genua nach Kephallenia. An Bord war auch ein Vertreter des Komitees, Colonel Stanhope. Nach einer recht gefahrvollen und schwierigen Fahrt begaben sie sich von Kephallenia nach Missolunghi im Golf von Patras, wo sich das Hauptquartier des Fürsten Mavrokordatos befand. Um den Aufständischen zu helfen, hatte Byron die Herrschaft Rochdale verkauft und Waffen und Sanitätsmaterial für 34000 Pfund – seinerzeit eine unglaublich hohe Summe – erworben.

Missolunghi liegt am Ufer einer Lagune, eine kleine Inselkette trennt es vom offenen Meer. Als Byron hier eintraf, begrüßte ihn begeistert die gesamte Bevölkerung.

Für Childe Harold kam die Stunde der Tat, nach der er sich immer gesehnt hatte, und gleichzeitig begann die letzte Etappe seiner Pilgerfahrt. Er bezog den ersten Stock eines verwahrlosten Hauses, im Erdgeschoß wohnte seine suliotische Leibwache. Er, der Zivilist, unterwies täglich die Sulioten und die Freiwilligen im Waffengebrauch, während sich Colonel Stanhope um Propaganda für den griechischen Freiheitskampf kümmerte. »Es ist merkwürdig«, sagte Byron damals halb belustigt, halb stolz, »daß der Soldat sich dafür stark macht, die Türken mit der Feder zu bekämpfen, und ich, der Schriftsteller, mit dem Degen.« Vergeblich wartete man auf die versprochenen Waffen aus England, dabei wurde es immer schwieriger, die Disziplin aufrechtzuerhalten. Byron wurde faktisch der Militärbefehlshaber von Missolunghi ...

Gemeinsam mit Gamba, Stanhope und Mavrokordatos plante er die Eroberung des nahe gelegenen Lepanto am Golf von Patras. Der Zeitpunkt des Angriffes stand schon fest, als die Sulioten unverschämte Forderungen stellten: Für mehr als die Hälfte der Soldaten verlangten sie Offizierssold. Der erzürnte Byron entließ die Sulioten, und der Angriff konnte nicht stattfinden.

Das war am 15. Februar 1824. Erregt, erschöpft und durstig, ließ sich Byron ein Glas Apfelwein bringen. Als er ihn getrunken hatte, schwankte er und fiel in die Arme eines seiner englischen Helfer, des Artilleristen Parry. Der Anfall, über den sich die Ärzte stritten, ob er apoplektisch (Schlaganfall) oder epileptisch war, ging vorüber. Man hielt ihn für eine Folge der Krankheit, die Byron in Venedig durchgemacht hatte.

Vier Tage nach diesem Anfall erregte sich Byron wiederum sehr stark. Sulioten hatten einen schwedischen Leutnant getötet, der sie daran hindern wollte, ins Arsenal einzudringen.

Am 9. April ritt Byron aus. Ihn überraschte ein

Wolkenbruch, so daß er völlig durchnäßt heimkehrte. Zwei Stunden später bekam er Schüttelfrost. Am nächsten Tag hatte er hohes Fieber.

Die Krise trat am 18. April 1824 ein. Byron – Childe Harold – wußte, daß seine Pilgerfahrt zu Ende ging.

»Ihre Bemühungen, mein Leben zu bewahren, sind vergeblich«, sagte er zu seinem Arzt. »Ich muß sterben, ich fühle es. Ich trauere dem Leben nicht nach, denn ich bin nach Griechenland gekommen, um mein schmerzvolles Dasein zu beenden. Ich habe Griechenland mein Geld und meine Zeit gegeben. Jetzt gebe ich ihm mein Leben.«

Der Tod des Pilgers aus ärztlicher Sicht. Was war die Ursache von Byrons frühzeitigem Tod?

Beginnen wir mit dem Trauma seines Lebens, dem Hinken. Darüber schreibt André Maurois: »Das Kind war von Angesicht ebenso schön wie sein Vater, als es aber in das Alter kam, in dem ein Kind laufen lernt, bemerkte seine Mutter mit Schrecken, daß es hinkte. Seine Füße waren normal geformt, die Beine von gleicher Länge, wenn das Kind jedoch die Fersen aufsetzte, verdrehte sich der Fußknöchel. Es konnte sich nur auf den Zehenspitzen aufrecht halten. Die Ärzte, die hinzugezogen wurden, machten ein falsches Handhaben bei der Entbindung verantwortlich, das in dem ungewöhnlichen Schamgefühl der Mrs. Byron seinen Grund gehabt hätte. Die Knöchelsehnen schienen gelähmt.«

Es half auch kein orthopädisches Schuhwerk.

Aus diesen Angaben läßt sich mit fast hundertprozentiger Sicherheit schließen, daß es sich um eine zerebrale Kinderlähmung handelte, also um eine Störung der zentralen Motorik, entstanden durch eine Hirnschädigung vor, bei oder kurz nach der Geburt. Zerebrale Kinderlähmung hat eine Reihe von Formen. Bei Byron war es mit größter Wahrscheinlichkeit die sogenannte klassische diparetische Form, verbunden mit einer spastischen Lähmung (mit erhöhter Muskelspannung), von der nur die unteren Extremitäten betroffen sind. Diese sind in den Hüften angezogen und in den Knien gebeugt, die Wadenmuskeln sind verkürzt, so daß der Patient, sofern er überhaupt laufen kann, nur mit den Fußspitzen auftritt und scherenartig läuft, er watschelt, weil ihn der Hüftdruck am Ausschreiten hindert. Diese Zustände lassen sich manchmal erfolgreich mit Medikamenten behandeln, hauptsächlich helfen jedoch spezielle Übungen (Rehabilitation), also beides Mittel, die Ende des achtzehnten Jahrhunderts noch unbekannt waren. Byron spürte jedoch unbewußt, was ihm guttat: Eine gewisse Form der Rehabilitation wurde für ihn vor allem das Schwimmen.

Soviel also zu Byrons Hinken, das offenbar auf seinen frühen Tod keinen Einfluß hatte. Oder doch?

Er hatte überdies zweimal eine Malaria durchgemacht, in Venedig und in Patras.

Und schließlich die Ohnmacht am 15. Februar 1824. Das war offenbar ein zwei Minuten dauernder generalisierter epileptischer Anfall, der eher mit der Hirnschädigung als mit den Malariaerkrankungen zusammenhing. Epileptische Anfälle sind bei verschiedenen Formen der zerebralen Kinderlähmung keine Seltenheit, sie können in vereinzelten Fällen auch viel später auftreten, wenn auslösende Faktoren hinzukommen. Und das waren bei Byron während seines

Aufenthalts in Missolunghi Müdigkeit, Streß, Enttäuschung und nicht zuletzt das hektische Leben des Genies.

Auch die Diagnose der letzten Krankheit Byrons (in der Zeit vom 9. bis 18. April 1824) kann man relativ verläßlich stellen, weil wir über den ausführlichen Obduktionsbefund von Doktor Millingen verfügen, der zu Byrons Ärzten gehörte. »Als wir den Schädel öffneten, waren wir überrascht, daß wir das Gehirn eines sehr alten Mannes vorfanden. Die harte Hirnhaut klebte an der Knochenwand, sie war entzündet. Die weiche Hirnhaut war voller Blut und erinnerte an die Bindehaut eines kranken Auges. Herz und Leber waren in einem schlechten Zustand.«

Wenn wir den Zustand von Leber und Herz, der wohl die Folge der Malaria war, und die Veränderungen im Gehirn, die mit der zerebralen Kinderlähmung zusammenhängen können, außer acht lassen, gelangen wir zum Schluß, daß Byrons letzte Krankheit und direkte Todesursache eine Meningitis war, wahrscheinlich eine eitrige. Dazu kam eine Meningoenzephalitis, denn Byron phantasierte. Die Ursache für die Entzündung ist leicht zu finden. Die Lagune bei Missolunghi mit ihrem ungesunden Klima war offenbar eine Brutstätte für verschiedenartige Infektionen. Es handelte sich wohl eher um eine bakterielle (Pneumokokken?) oder parasitäre (Leptospira?) als um eine Virusinfektion.

Byrons Tod fand in Europa ungeheure Anteilnahme. Edward Bulwer Lytton sagte: »Unter den jungen Leuten hatte sich die Neigung ausgebreitet, Byron zugunsten von Shelley und Wordsworth abzutun, doch seit dem Augenblick, an dem wir erfuhren, daß er nicht mehr war, fühlten wir uns ihm verbunden, und er hatte keinen Rivalen mehr ... So viel von uns starb mit ihm, daß selbst der Gedanke an seinen Tod etwas übernatürlich Unmögliches hatte.« Jane Welsh schrieb an Thomas Carlyle: »Wenn mir gesagt worden wäre, die Sonne oder der Mond seien vom Himmel verschwunden, es hätte mir gewiß nicht die Empfindung einer erschreckenderen Leere in der Schöpfung gegeben als diese Worte: Byron ist tot.«

In Frankreich steckten sich viele junge Leute einen Trauerflor an die Mütze. In der Feydeau-Passage wurde ein Bild ausgestellt, das Byron auf dem Totenbett zeigte, und die Menge zog an diesem Gemälde vorbei. Viele Zeitschriften wiesen darauf hin, daß die beiden größten Männer des Jahrhunderts, Napoleon und Byron, fast zur gleichen Zeit dahingegangen waren. In den Colleges versammelten sich die »Großen« und verbrachten einen traurig-schwärmerischen Tag mit der Lektüre von »Childe Harold« und »Manfred«.

Die irdische Pilgerfahrt des Dichters Byron, des Childe Harold, war beendet, aber sie wurde auf einer strahlenden Sternenbahn fortgesetzt ...

Auch das Opfer seines Lebens im Ringen um die Freiheit Griechenlands war nicht umsonst. Sein Tod in Missolunghi rüttelte England und Frankreich auf, so daß sie trotz der Heiligen Allianz, die hartnäckig auf dem Status quo bestand, dem Osmanischen Reich den Krieg erklärten. Am 20. Oktober 1827 vernichteten die verbündeten französischen und englischen Seestreitkräfte in der Schlacht bei Navarino (Pylos) die türkische Flotte – und Griechenland war frei.

Griechenland hat Byron niemals vergessen.

»In Missolunghi«, schreibt André Maurois am Schluß seiner Biographie, »heute eine kleine sanierte und blühende Stadt, haben die Griechen einen ›Heldengarten‹ angelegt. Eine Säule trägt den Namen Byrons neben denen des Marco Botzaris, des Kopsalis und des Tsavellas. Die Fischer, die dort in jenem merkwürdigen Reich aus Wasser und Salz in Hütten aus geflochtenem Schilf leben, sie kennen Byrons Namen. Sie wissen nicht, daß er ein Dichter war, wenn man sie nach ihm fragt, antworten sie: ›Das war ein mutiger Mann, der herkam, um für Griechenland zu sterben, weil er die Freiheit liebte.‹«

Wilhelm II.

Der Egoismus des Kaisers bringt ihn dazu, jeden Staatsbesitz als seinen persönlichen zu betrachten: »Mein Heer«, »Meine Marine«, »Meine Häfen«, »Meine Festungen«, »Mein Staatsschatz«, »Mein Kriegsminister«, »Mein Kanzler«.

Henry W. Fischer

Er legte durch pomphafte und prahlerische Reden die ganze Kaisermacht bloß. Darauf folgten aber keine Handlungen.

Arthur Rosenberg

Der Name Wilhelm II. sagt jüngeren Menschen nicht mehr viel. Zumindest ebensowenig wie der Erste Weltkrieg, der mit seinem Namen verknüpft ist. Die Leiden, die der Erste Weltkrieg brachte, wurden von den schrecklicheren Ereignissen des zweiten überschattet. An historischen Dimensionen gemessen, folgten die Kriege sehr kurz aufeinander. Sogar an menschlicher Lebenszeit gemessen. Als Wilhelm II. 1941 in seinem holländischen Exil starb, in Doorn bei Utrecht, waren die Niederlande von einer Armee besetzt, die wiederum »mein Heer« genannt wurde. Der »Führer« konnte sich zwar nicht mehr mit dem Titel Kaiser schmücken, aber über seine ähnlichen Aussprüche (»meine Volksgenossen«, »meine SS«, »mein Deutschland«) lachte zu der Zeit niemand. Und »seine« Truppen folgten einem ebenso törichten wie wahnwitzigen Traum. Ohne sich dessen bewußt zu werden und ohne es zuzugeben, fanden sie ein ebenso trauriges, ja noch viel traurigeres Ende.

Dieser unrühmliche Weg beginnt allerdings viel früher, im neunzehnten Jahrhundert.

Obwohl wir dem hochtrabenden Begriff »Heiliges Römisches Reich Deutscher Nation« schon im frühen Mittelalter begegnen, kommt es zur wirklichen Einigung Deutschlands, das jahrhundertelang in kleinere und größere Staaten – Königreiche, Fürstentümer, Herzogtümer – zersplittert war, erst in der zweiten Hälfte des neunzehnten Jahrhunderts. Angeführt wird das vereinigte Deutschland vom konservativ-junkerlichen und vor allem militaristischen Preußen.

An der Wiege dieser Einigung steht eine der interessantesten Gestalten jener Epoche, der preußische Ministerpräsident Graf Bismarck, der Schöpfer der deutschen imperialistischen Politik, ein sehr begabter, wenn auch gleichzeitig durchtriebener Diplomat. Sein Name wird uns immer an den Ausspruch erinnern, der Herr über Böhmen sei auch der Herr über Europa.

Die Anfänge der deutschen Einigung sind glänzend. Preußen okkupiert Hannover und Schleswig-Holstein, besiegt Österreich in der Schlacht bei Königgrätz (1866) und vier Jahre darauf Frankreich in der Schlacht bei Sedan. Im demütigenden Friedensvertrag muß Frankreich fünf Milliarden Franken Kriegsentschädigung zahlen und obendrein Elsaß und Lothringen an Deutschland abtreten. Bismarck proklamiert dann in Versailles stolz das deutsche Kaiserreich mit dem preußischen König Wilhelm I. aus der Dynastie der Hohenzollern als Kaiser. Der Kern des vereinigten Deutschlands bleibt Preußen. Eigentlich ist es eine Föderation – in Bayern, Württemberg, Mecklenburg oder Baden bleiben die einheimischen Herrscherhäuser an der Macht, sie müssen sich jedoch der Zentralgewalt unterordnen.

Der erste deutsche Kaiser Wilhelm I. herrschte bis 1888 und starb als Neunzigjähriger. Daß dieser Hohenzollernsproß deutscher Kaiser wurde, verdankte er dem glänzenden Einfall, noch als preußischer König Bismarck zu seinem ersten Minister zu machen. Auf Wilhelm I. folgte sein Sohn Friedrich, bekannt (im Unterschied zu seinem Vater und besonders seinem Kanzler) für liberale Anschauungen und seine Anglophilie (seine Gemahlin war eine Tochter der englischen Königin Viktoria). Er starb jedoch nach nur drei Monaten Herrschaft an Kehlkopfkrebs.

SEIN DEUTSCHLAND UND SEIN HEER. Deutscher Kaiser und gleichzeitig preußischer König wurde am 15. Juni 1888 Friedrichs ältester Sohn Wilhelm. Von Anfang an fühlte er sich berufen, die Richtung der deutschen Politik allein zu bestimmen. Das mußte unvermeidlich zu Konflikten mit dem »eisernen Kanzler« Bismarck führen. Der junge Kaiser ging nach zwei Jahren als Sieger hervor. Das klingt nur scheinbar erstaunlich. Bismarck war zweifellos ein gescheiter und anerkannter Diplomat, sowohl in Preußen wie im ganzen Reich. Er hatte jedoch eines vergessen: das Heer. In Deutschland, wo sich nach George Sand junge Männer mehr darauf zugute hielten, Reserveleutnant zu sein, als beispielsweise einen akademischen Titel zu besitzen, fühlte sich das Heer nur dem Kaiser bedingungslos ergeben. So daß nicht Bismarck, sondern Wilhelm II. die reale Macht besaß.

Im Konflikt zwischen Bismarck und Wilhelm II. spielten unterschiedliche Ansichten über die Innen- und besonders die Außenpolitik eine Rolle. Bei der Innenpolitik ging es vor allem um die Furcht vor dem ständig wachsenden Einfluß der Sozialdemokratie. Diese Furcht teilten beide, aber Wilhelm pflichtete nicht Bismarcks Plänen bei, die Sozialdemokratie zu unterdrücken, er hatte eigene Pläne, vertraute auf eine »bessere« Sozialpolitik. In der Außenpolitik gingen die Ansichten über die Beziehungen zu den anderen europäischen Mächten hart auseinander. Während Bismarck weiterhin gute Beziehungen zu Rußland und Frankreich aufrechterhalten wollte, forderte Wilhelm, wenigstens zu Beginn seiner Herrschaft, ein enges Bündnis mit Österreich, vielleicht auch mit England, und die Vorbereitung eines »Präventivkrieges« gegen Rußland und Frankreich. Daß es zu einer globalen Auseinandersetzung kommen konnte, war seit dem Konflikt zwischen England und Frankreich bei Faschoda im Sudan offensichtlich. Lange war jedoch nicht klar, wie die kämpfenden Parteien aussehen würden. Eine Koalition zwischen Deutschland und England gegen Frankreich und Rußland galt noch nach dem Russisch-Japanischen Krieg 1904–1905 als möglich.

Weil Bismarck diese Pläne abgelehnt hatte, war er schließlich entlassen worden. Und Wilhelm II. befaßte sich nun intensiv mit der deutschen Außenpolitik. Nach dem Urteil deutscher Historiker war er zwar fleißig, aber ihm fehlten Sachkenntnisse, und obendrein ging ihm jeglicher Sinn für Systematik ab. Dadurch gelang es ihm bald, ein politisches Chaos zu schaffen.

Nach Bismarcks Entlassung wurde General Caprivi Reichskanzler, ihm folgten Graf Bülow und Bethmann-Hollweg. Keiner konnte sich mit Bismarck messen. Deutschland verzeichnete jedoch zu der Zeit einen mächtigen Anstieg der Industrieproduktion und das Anwachsen des Großkapitals. Die Überproduktion verursachte sogar 1901 eine Finanzkrise, bald fand man jedoch neue Absatzmärkte in Europa – in der Schweiz, in Belgien, Österreich, Holland, sogar im »feindlichen« England.

Und Deutschland rüstete auf. Mit dem Geld, das Frankreich als Kriegsentschädigung zahlen mußte.

Wilhelm II.

Die Industrie wuchs, aber die ländlichen Gebiete blieben weiterhin rückständig, die Landwirtschaft lag in den Händen von Großgrundbesitzern, besonders in Preußen. Beiden damaligen »staatstragenden« Parteien, den Konservativen und den Nationalliberalen, standen die Sozialdemokraten gegenüber, die als einzige den Kaiser nicht fürchteten und ihn scharf kritisierten. Trotz aller Maßnahmen gegen sie (Wilhelm II. bezeichnete sie als vaterlandslose Gesellen) stieg die Zahl ihrer Wähler, während die Wählerzahl der anderen Parteien sank. 1881 wählten nur 6% der Stimmberechtigten sozialdemokratische Abgeordnete in den Reichstag, 1912 waren es schon 35%!

Im Wilhelminischen Deutschland wurde nicht nur die arbeitende Klasse unterdrückt. Es gab auch nationale Unterdrückung. Der immer extremere deutsche Nationalismus und der noch nicht verklungene Siegesstolz von 1870 führten zur Unterdrückung nationaler Minderheiten. Am schlimmsten spürten das die Polen in der Provinz Posen und die Franzosen im Elsaß und in Lothringen. Der Kaiser und seine Minister erhoben den Pangermanismus zur Staatsideologie. Man sprach von Nibelungentreue, es wurden Ansprüche auf die deutschsprachige Schweiz, auf Holland und auf den flämischen Teil Belgiens erhoben, ja sogar auf ein weiteres Gebiet Ostfrankreichs, aus dem man allerdings die Bewohner auszusiedeln gedachte.

In der Außenpolitik schritt Deutschland von Erfolg zu Erfolg. Es war de facto die erste Großmacht Kontinentaleuropas. Frankreich, das von Revanche für das Jahr 1870 geträumt hatte, war durch die gewaltige deutsche Aufrüstung und die großmäuligen Verlautbarungen Wilhelms II. eingeschüchtert. Der deutsche

Kaiser landete zum Beispiel unbehelligt in Tanger, das unter französischer Kontrolle stand, und hielt dort eine antifranzösische Rede.

Der Kaiser hält gern Reden. Gern redete er auch von der »slawischen Gefahr«, womit er vor allem Rußland meinte.

Das kaiserliche Deutschland erwarb weitere Kolonien, schließlich bildete es den sogenannten Dreibund mit Österreich-Ungarn und Italien, dessen eindeutiger Zweck ein Angriffskrieg war. Und so brach 1914 der Erste Weltkrieg aus, den »sein«, das heißt Wilhelms Heer begrüßte. Anfangs erzielte das vorzüglich ausgerüstete deutsche Heer Erfolge, aus dem Dreibund schied jedoch Italien aus. Der sogenannten Entente, das heißt Frankreich, Rußland, England und Serbien, schlossen sich die Vereinigten Staaten von Amerika an, auch Italien trat ihr bei, bis sie allmählich fast dreißig Mitglieder zählte und die anfänglichen deutschen Erfolge sich in die endgültige Niederlage verwandelten. Am 11. November 1918 wurde in Compiègne der Waffenstillstand geschlossen, Wilhelm II. flüchtete ins holländische Exil, wo er noch dreiundzwanzig Jahre lebte.

Die Niederlage wurde auch dadurch nicht verhindert, daß seit 1916 in Deutschland praktisch Militärs herrschten, die Generäle Ludendorff und Hindenburg, die eine Militärdiktatur ausübten.

Den Ersten Weltkrieg allein Wilhelm II. anzulasten wäre absurd, die Gründe waren vielfältiger. Aber Wilhelms Hetzreden, der extreme deutsche Militarismus, der von Wilhelm geförderte Chauvinismus und die fieberhafte Aufrüstung haben zum Ausbruch dieses Krieges bedeutend beigetragen, ganz abgesehen von der vorbehaltlosen Unterstützung des militärischen Abenteuers der Habsburger nach dem Attentat von Sarajevo.

Über Wilhelm II. haben sich viele Zeitgenossen geäußert, und ihr Urteil über diesen letzten Hohenzollernherrscher ist ziemlich negativ. Wilhelm wird nicht nur wegen seines unbestreitbaren Anteils am Ausbruch des Ersten Weltkriegs kritisch bewertet, sondern auch wegen seines unsympathischen Wesens und seines anomalen, beinahe operettenhaften Auftretens.

So erscheint zum Beispiel im Bericht einer anonym bleibenden Hofdame der Kaiserin (der Bericht ist in Henry W. Fischers Buch enthalten, das in England schon 1904 herauskam) Wilhelm II. als Egozentriker, das heißt als Mensch, der nur an sich selbst denkt. Seine Vorstellungen galten schon zu seiner Zeit längst als veraltet. Er akzeptierte nur Adlige und Militärs. Seine Vorliebe für das Heer und für Uniformen wirkte sogar im militaristischen Preußen übertrieben, pathologisch und lächerlich. Wie er auf Bekleidungsvorschriften und die Einhaltung des militärischen Reglements pochte, hätte Hašekschen Feldwebeln wohl angestanden. Einfache Menschen und seine Bediensteten betrachtete er mit Geringschätzung. Diener oder Dienstmädchen, die zufälligerweise einen Raum betraten, wenn er sich dort aufhielt, wurden sofort und ohne jegliche finanzielle Abfindung entlassen. (Die Dienerschaft durfte sich im Schloß nur in einem begrenzten Bezirk bewegen und die kaiserlichen Gemächer nur betreten, wenn Seine Majestät abwesend war.) Angeführt wird der Fall einer Bediensteten, die gnadenlos entlassen wurde, als sie nach dreißig Jahren treuen Dienstes einmal erzählte, sie habe den Kaiser im Schlafrock gesehen.

Wohin Dünkel führt. So merkwürdig wie der Kaiser war auch das Leben am kaiserlichen Hof. Trotz des Gefühls seiner Erhabenheit lud Wilhelm II. mittags und abends Gäste an die Tafel – Regierungsmitglieder, Angehörige des Hofes, Generäle. Die Kaiserin Auguste Viktoria litt darunter, denn nur bei den Hauptmahlzeiten konnte sie mit Mann und Kindern zusammen sein. Bis ihr einmal eine Hofdame erzählte, daß die Herzogin von Orléans berichtet habe, Ludwig XIV. habe grundsätzlich nur im Familienkreise gespeist. Das half. Der Kaiser vergötterte nämlich Ludwig XIV. Wilhelm II. wollte dem Sonnenkönig gleichen und speiste eine Zeitlang nur mit seiner Familie.

Der deutsche Kaiserhof pendelte zwischen Berlin und Potsdam. Wilhelm II. liebte pompöse Hoffeste und Bälle, bei denen Masken und Kostüme vorgeschrieben waren.

Wilhelms Dünkel war beispiellos. Das kleinste kritische Wort oder ein unbedachtes Lächeln zogen eine Klage wegen Majestätsbeleidigung nach sich, wofür man auch zu mehreren Jahren Gefängnis ohne Bewährung verurteilt werden konnte. Und weil sich Wilhelm für einen großen Redner, Feldherrn, Dichter, Maler, Musiker, Bildhauer, Kunstkritiker, Politiker, Prediger, Admiral, Jäger und Sportler hielt, war es schwierig, ihn nicht zu beleidigen, sofern überhaupt über ihn gesprochen oder geschrieben wurde. Er führte auch einen Kampf gegen moderne Kunst – gegen das naturalistische Drama und gegen den Jugendstil.

Auf Schmeicheleien legte Wilhelm II. großen Wert.

Er benahm sich überhaupt eher wie ein absoluter Herrscher des siebzehnten und nicht wie ein Monarch des neunzehnten und zwanzigsten Jahrhunderts, allerdings war die Verfassung in Deutschland und namentlich in Preußen rein formal.

Als General oder Admiral zeichnete er sich zeitlebens nicht aus, als Jäger war er undiszipliniert, und als Künstler war er ausgesprochen schlecht. Sehr viel bildete er sich zum Beispiel auf seinen »Sang an Ägir« ein, der eine pangermanische Tendenz hatte. Als Kunstwerk war er wertlos. Wilhelm war jedoch wirklich ein hervorragender Redner. Unablässig reiste er in seinem Sonderzug durch Deutschland und hielt Reden. Seine unbedachten und selten vernünftigen Verlautbarungen bereiteten jedoch seinen Ministern oft Kopfschmerzen. Mit der heutigen Terminologie würde man die Auftritte Wilhelms II. wohl als exhibitionistisch bezeichnen.

Gern erschien er in den phantastischsten Uniformen. Er soll ungefähr dreihundert verschiedene besessen haben.

Wilhelm benahm sich so merkwürdig, daß man ihn manchmal mit dem bayrischen König Ludwig II. verglich, der an Schizophrenie litt und sich offenbar ertränkte, wobei er auch seinen Psychiater ins Wasser gezogen haben soll. Ludwig II. verachtete ähnlich wie Wilhelm II. seine Diener und ging in dieser Verachtung noch weiter: Um mit ihnen nicht sprechen zu müssen, schrieb er seine Befehle auf Zettel, die er vorher bespie ...

Im Zusammenhang mit Wilhelms Verhalten wurde auch sein wahnsinniger Großonkel Friedrich Wilhelm IV. (1795–1861) angeführt, der ebenfalls an Schizophrenie gelitten haben soll.

Wilhelm II. (in Uniform) mit Ferdinand de Este

Ein Fall für den Psychiater? Das Bild, das wir uns nach Berichten von Zeitgenossen über Wilhelm II. machen können, zeugt von keiner echten psychiatrischen Erkrankung. Deutlich ist die Tendenz zur Übertreibung, die manchmal an Exhibitionismus grenzt. Wilhelm II. stellte sich gern zur Schau. Vor allem bei seinen Rednerauftritten und bei den Hoffesten, die er ständig veranstaltete, benahm er sich wie ein Schauspieler.

Hinzu kommen krankhafter Dünkel und übermäßige Suggestibilität. Er stimmte oft einer geschickt präsentierten Absicht zu, ohne sie erst zu prüfen.

Wilhelm II. litt auch an Autosuggestion. Er suggerierte sich, ein großer Herrscher zu sein, vergleichbar seinem Vorfahren Friedrich II. oder dem französischen König Ludwig XIV. Jedem sollte die Erhabenheit und Sendung des Kaisers bewußt sein, obwohl zu seiner Zeit ein solches Bestreben lächerlich anachronistisch war. Das alles sind Züge, die wir hysterisch nennen. Hysterie tritt zwar häufiger bei Frauen auf (Hippokrates hielt sie für eine Frauenkrankheit und nannte sie deshalb nach dem griechischen Wort hysteros »Gebärmutter«), aber jeder erfahrene Neurologe kennt auch Männer, die zu krankhafter Suggestibilität und Übertreibung neigen und anderen etwas vorspielen, woran sie selber glauben. Sie leiden also an Hysterie oder sind Hysteriker.

Daß Wilhelm II. deutliche hysterische Charakterzüge besaß, ist unbestreitbar. Bei der »großen« Hysterie kommt es jedoch auch zu schweren Anfällen, zu vorübergehenden Lähmungserscheinungen oder Sensibilitätsstörungen, ja sogar zu einer scheinbaren Erblindung. Solche Symptome sind bei Wilhelm II. nicht aufgetreten. Deshalb scheint es sich bei ihm eher um den sogenannten »neurotischen Überbau« zu handeln, das heißt um neurotische Symptome, die auf einer organischen Erkrankung des Nervensystems beruhen.

Es ist also zu fragen: Konnte es sich bei Wilhelm II. um eine organische Hirnschädigung handeln?

Er wurde am 27. Januar 1859 geboren. Bald nach der Geburt merkte man, daß der linke Arm gelähmt war, was niemals völlig behoben wurde. Er konnte zwar die Zügel in der linken Hand halten, aber ein Pferd nur mit der rechten führen, lesen wir bei Fischer. Man nimmt deshalb im allgemeinen an, daß eine periphere Lähmung infolge einer Schädigung des Armgeflechts bei der Geburt vorlag. Wenn sich die Nabelschnur um den Arm des Kindes schlingt, kommt diese Schädigung häufig vor.

Bei Wilhelms Geburt war das jedoch nicht geschehen. Aus dem Bericht der Hebamme erfahren wir, daß die Prinzessin Viktoria – sie war erst achtzehn Jahre alt – während der Schwangerschaft schwach und nervös war. Die Geburt war schwierig und dauerte lange. Es gab begründete Befürchtungen, daß die Mutter sterben und das Kind nicht atmen würde. »... er hatte noch keinen Schrei ausgestoßen, noch rührte er einen Muskel. Stumm geboren, beim Himmel, fürchtete ich. Ein Wink rief Dr. Martin an meine Seite, und zusammen arbeiteten wir beide an dem Neugeborenen, ich weiß nicht, wie lange, nachdem wir in der Reihenfolge jedes Mittel anwandten, um das Kind ins Leben zu rufen.

Als alles geschehen war, was angewandt werden konnte, nahm ich den Knaben unter meinen linken Arm, und mit meiner Rechten ergriff ich ein nasses

Handtuch, mit dem ich ihn tüchtig bearbeitete, obgleich die Ärzte seufzten und jeder im Zimmer entsetzt zusah … So schlug ich darauf los, schwächer und stärker, bis – als die Kanonen im Lustgarten schon beinahe ihre offizielle Zahl von hundertundein Schüssen vollendet hatten – zuletzt ein schwacher Schrei aus den kleinen, bleichen Lippen kam.«

Wilhelm wurde also asphyktisch (fehlende Atmung) geboren.

Eine weitere wichtige Information stammt vom Kammerdiener Nolte: Nicht nur der linke Arm Wilhelms wies Lähmungserscheinungen auf, sondern die ganze linke Seite. Bei Müdigkeit soll der Kaiser auf dem linken Bein gehinkt haben, und er konnte sich nicht aufrecht halten. Er war also halbseitig gelähmt. Das würde allerdings kaum für eine periphere Lähmung sprechen, eher ist an eine zentrale Lähmung infolge einer Hirnschädigung zu denken. Aufgrund der Anamnese (aus den Berichten über seine Geburt) können wir die hemiparetische Form der zerebralen Kinderlähmung annehmen, die Schädigung einer (der Lähmung entgegengesetzten, in Wilhelms Falle also der rechten) Hälfte des Vorderhirns. Wir wissen, daß bei der hemiparetischen Form der zerebralen Kinderlähmung die Arme immer stärker als die Beine betroffen sind und daß im Unterschied zu den übrigen Formen dieser Erkrankung diese Lähmung meist auf einem Geburtstrauma oder auf Sauerstoffmangel während der Geburt (also nicht vor der Geburt) beruht, was beides bei Wilhelm zutrifft.

Die wahrscheinlichste Diagnose ist also die hemiparetische Form der zerebralen Kinderlähmung infolge einer Schädigung der linken Hirnhälfte bei der

Geburt, verursacht durch zeitweiligen Sauerstoffmangel.

Wenn wir von der Voraussetzung ausgehen, daß Wilhelms Kriegspropaganda, die hetzerischen Provokationen, der fast mystische Heereskult und die pangermanischen Ideen zusammen mit der deutschen Aufrüstung am ersten Weltkrieg mitschuldig sind, müssen wir zugestehen, daß auch seine Hirnschädigung einen Anteil daran hatte.

Man muß sich allerdings dessen bewußt sein, daß eine pathologische Persönlichkeit nicht wesentlich die Geschichte beeinflussen kann und daß der Erste Weltkrieg zweifellos auch ausgebrochen wäre, wenn ein anderer Kaiser als Wilhelm II. auf dem Thron gesessen hätte. Die Hauptursache für den Krieg waren neben dem deutschen Militarismus und dem Chauvinismus, den es schon vor Wilhelm II. gab und der unter Hitler noch extremere Formen annahm, und neben dem Heereskult (Wilhelm hielt sich freilich für den Oberpriester dieses Kults) vor allem die imperialistischen Ziele der deutschen Großbourgeoisie, der Großindustriellen und der Großgrundbesitzer. Das äußerte sich in dem bekannten Drang nach Osten. Wilhelm II. identifizierte sich vorbehaltlos mit dieser aggressiven Politik, er war ihr Sprecher und Vollstrekker.

Erläuterung medizinischer Termini

Enzephalitis Gehirnentzündung. Unterschiedliche Symptome: Störungen der Motorik, geistige und psychische Störungen.
Epilepsie Anfallsweise Bewußtlosigkeit, meist mit Krämpfen. Bei der sogenannten partiellen Epilepsie kann das Bewußtsein nur getrübt sein, während der Patient unwillkürliche Bewegungen ausführt.
Gicht Schädigung der Gelenke wegen erhöhten Harnsäuregehalts im Blut.
Korsakowsche Krankheit Nervenleiden mit Halluzinationen und Gedächtnisstörungen, verursacht durch chronischen Alkoholismus.
Lanzinierende Schmerzen Nächtliche Schmerzen in den Knochen bei Tabes dorsalis.
Manisch-depressive Psychose Klassische Gemütskrankheit, krankhafter Stimmungswechsel.
Meningitis Entzündung der Hirn- und Rückenmarkhüllen, kann eitrig sein.
Multiple Sklerose Chronische Erkrankung des weißen Gewebes in Gehirn und Rückenmark; äußert sich in Nystagmus (Augenzittern), Ataxie (torkelndem Gang), spastischer Lähmung der Beine. Die Krankheit hat Remissionen (vorübergehendes Zurückgehen der Krankheitserscheinungen) und Exarbationen (erneute Verschlimmerung).
Ostitis Knochenentzündung
Plexus brachialis (Armgeflecht) Nervenbündel, das den Arm nerval versorgt. Bei schweren Geburten kommt es manchmal zu einer Schädigung des Armgeflechts und zu einer Lähmung des Oberarms, der Hand oder des gesamten Arms.
Polyartikuläre Gicht Gicht, die alle Gelenke erfaßt.
Polyneuritis Nervenentzündung, die durch Infektion oder Vergiftung verursacht werden kann. Sie äußert sich in schlaffen Lähmungen und Sensibilitätsstörungen.
Polyradikuloneuritis Entzündung der Nerven und Rückenmarkwurzeln, am häufigsten durch eine Virusinfektion. Schlaffe Lähmungen und Sensibilitätsstörungen sind auf beiden Seiten gleichmäßig.

Progressive Paralyse Viertes Stadium der Syphilis mit geistigen Störungen (Verfolgungs- und Größenwahnsinn).
Schizophrenie Geisteskrankheit, Persönlichkeitsspaltung.
Schlaffe Lähmung Verringerte Muskelspannung, verursacht durch eine Schädigung des Gehirns oder der peripheren motorischen Nerven.
Spastische Lähmung Erhöhte Muskelspannung, verursacht durch eine Schädigung des Gehirns oder der Verbindungen vom Gehirn zum Rückenmark.
Tabes dorsalis Viertes Stadium der Syphilis; im Unterschied zur progressiven Paralyse handelt es sich um eine Rückenmarkerkrankung mit Sensibilitätsstörungen, unsicherem Gang bei geschlossenen Augen und trophischen Geschwüren.
Temporale Epilepsie Art der partiellen Epilepsie, die in den Schläfen- oder Temporallappen entsteht.
Trophische Geschwüre Tiefe Geschwüre an der Fußsohle, treten manchmal bei Tabes dorsalis auf.
Zerebrale Kinderlähmung (Infantile Zerebralparese) Störung der Motorik und der Entwicklung der Motorik, verursacht durch Störungen während der Schwangerschaft, bei der Geburt oder kurz nach der Geburt. Mehrere Formen, zum Beispiel beiderseitige spastische Lähmung der Arme und Beine, spastische Halbseitenlähmung oder unwillkürliche Bewegungen der Gesichts- und Extremitätenmuskeln.

Literaturverzeichnis

Bartoš, F. M., Čechy v době Husově (Böhmen zur Zeit von Hus), Praha 1947

Bleuler, E., Lehrbuch der Psychiatrie, Zürich 1928

Breslan, M., Chronik Heinrichs Taube von Selbach, Berlin 1922

Dějiny starověku (Geschichte des Altertums), Praha 1963

Evans, R. J. W., Rudolf II. and his World, Oxford 1973

Fiala, Zd., Předhusitské Čechy (Das vorhussitische Böhmen), Praha 1978

Fischer, H. W., The Private Life of William II and his Consort, London 1907 – dt. Das Geheimleben des Berliner Hofes. Das Privatleben Kaiser Wilhelms II. und seiner Gemahlin, Berlin 1918

Froissart, J., Kronika stoleté války (Geschichte des Hundertjährigen Kriegs), Praha 1977

Gel. F., Syn čarodějnice (Der Sohn der Hexe), Praha 1971

Huizinga, J., Herbst des Mittelalters, Stuttgart 1969

Janáček, J., Pád Rudolfa II. (Der Fall Rudolfs II.), Praha 1973

Janáček, J., Valdštejn a jeho doba (Wallenstein und seine Zeit), Praha 1978

Karel IV., Vlastní Životopis, in: Prosa z doby Karla IV., Praha 1938 – dt. Kaiser Karls IV. Jugendleben und St.-Wenzels-Legende, Weimar 1956

Kendall, P. M., Richard III., Warszawa 1980 – dt. Richard III., München 1957

Krawczuk, A., Nero, Praha 1976

Lavisse, E. (Hrsg.), Histoire de France (Die Geschichte Frankreichs), Paris 1920–1922

Lenoch, F., Nemoci kloubní, kostní a svalové (Krankheiten der Gelenke, Knochen und Muskeln), in: Patologie a terapie nemocí vnitřních, Teil III, Praha 1952

Lesný, I., Lékařská vizita u lůžka Karla IV. (Arztvisite am Krankenbett Karls IV.), in: Starožitnosti české 1962

Lesný, I., O tzv. šílenství Karla VI., krále francouzského (Über den sogenannten Wahnsinn des französischen Königs Karl VI.), in: Časopis lékařů českých 1982

Lesný, I., Osobnost českého krále Václava IV. z hlediska neurologa (Die Persönlichkeit des böhmischen Königs Wenzel IV. aus der Sicht eines Neurologen), in: Folia historica bohemica 1983

Löwe, G., Stoll, H. A., Antika ABC (Die Antike in Stichworten), Praha 1974

Machilek, F., Ludolf von Sagan und seine Stellung, München 1967

Mann, G., Wallenstein. Sein Leben erzählt, Frankfurt am Main 1971

Matiegka, J., Tělesné pozůstatky českých králů a jejich rodin v hrobce Svatovítského chrámu v Praze (Die sterblichen Überreste böhmischer Könige und ihrer Familien in der Gruft des Prager St.-Veits-Doms), Praha 1932

Maurois, A., Život lorda Byrona, Praha 1970 – dt. Don Juan oder Das Leben Byrons, Hamburg 1969

Monumenta Germaniae hist., Nova Seria I, IV, Fasc. II, Chronica Matthiao de Neuenburgh, Berlin 1936

Novák, J. B., Rudolf II. a jeho pád (Rudolf II. und sein Fall), Praha 1935

Palacký, F., Dějiny národu českého v Čechách a v Moravě (Geschichte des tschechischen Volkes in Böhmen und Mähren), Praha 1848–1876

Palacký, F., Geschichte von Böhmen, Prag 1836–1867

Palacký, F., Z dějin (Aus der Geschichte), Praha 1957

Pavel, J., Cesta Karla IV. do Francie (Die Reise Karls IV. nach Frankreich), Praha 1937

Pflugk-Harttung, J. v. (Hrsg.), Weltgeschichte, Bd. II, Berlin 1909

Purves-Stewart, J., The Diagnosis of Nervous Diseases (Die Diagnose von Nervenkrankheiten), London 1947

Realenzyklopädie der klassischen Altertumswissenschaft, Stuttgart 1893 ff.

Rhodes, P., Physical Deformity of Richard III (Die körperliche Mißbildung Richards III.), in: Brit. Med. J., 1977, Nr. 2

Rosenberg, A., Die Entstehung der Deutschen Republik 1871–1918, Berlin 1930

Sběratelství. Čtenářská prémie Členské knižnice Nakladatelství Svoboda (Sammeln. Leserprämie des Buchklubs des Verlages Svoboda), Praha 1983

Šimáček, R., Valdštejnská rapsodie (Wallensteinrhapsodie), Praha 1969

Šimek, F., Staré letopisy české (Alte böhmische Chroniken), Praha 1937
Spěváček, J., Karel IV. Život a dílo, Praha 1979 – dt. Karl IV. Sein Leben und seine staatsmännische Leistung, Prag – Berlin 1979
Staré letopisy české (Alte böhmische Chroniken), Praha 1970
Suetonius, T. G., Životopisy dvanácti císařů, Praha 1974 – dt. Kaiserbiographien (De vita Caesarum), Berlin – Weimar 1965
Šusta, J., Dějiny světa (Weltgeschichte), Praha 1936
Šusta, J., Karel IV. za císařskou korunou (Karl IV. auf dem Weg zur Kaiserkrone), Praha 1948
Tarlé, J., Napoleon, Praha 1950 – dt. Napoleon, Berlin 1959
Teyová, J., Vrah či obeť (Mörder oder Opfer), Bratislava 1960
Tieghem, P. van, Histoire littéraire de l'Europe et de l'Amérique de la Renaissance à nos jours (Literaturgeschichte Europas und Amerikas von der Renaissance bis zur Gegenwart), Paris 1946
Tyl, J. K., Dekret kutnohorský (Das Kuttenberger Dekret), Praha 1948
Vavřinec z Březové, Kronika husitská (Hussitenchronik), Praha 1954
Vlašín, Š. u. a., Slovník literárních směrů a skupin (Wörterbuch der literarischen Strömungen und Gruppierungen), Praha 1977
Vlček, E., Poslední Přemyslovci (Die letzten Přemysliden), Praha 1969
Vlček, E., Zpráva o ohledání ostatků Albrechta z Valdštejna (Bericht über die Besichtigung der Überreste Albrechts von Wallenstein), in: Časopis lékařů českých 1976
Weider, B., Hapgood, D., Assassinat de Napoleon (Mord an Napoleon), in: Sélections, Oct. 1982
Werunsky, E., Geschichte Kaiser Karls IV. und seiner Zeit, Innsbruck 1880
Windelband, W., Napoleon I., in: Tvůrcové dějin. Přítomnost, Teil III, Praha 1936
Zweig, St., Hvězdné hodiny lidstva (Sternstunden der Menschheit), Praha 1947

Inhalt

5,–